# 中国特色安全生产论

简新　著

## 内容提要

本书探索中国特色安全生产发展之路，用八章的篇幅分别论述了在当前我国全面建设小康社会的时代背景下，安全生产工作的形势、功能、定位、本质、投入、效益、规律和以人为本原则，对这八个方面的重大课题逐一进行了深刻分析和详细阐述，对中国特色安全生产发展之路既是一种理论探索，也是一种战略规划。

本书观点新颖独到，剖析深刻透彻，论述准确翔实，是对我国安全生产实践的深刻总结和安全生产理论的高度概括，对加强和改进我国安全生产工作具有很强的现实针对性和普遍指导性。

**图书在版编目(CIP)数据**

中国特色安全生产论/简新著．—北京：气象出版社，2015.11

ISBN 978-7-5029-6286-9

Ⅰ．①中…　Ⅱ．①简…　Ⅲ．①安全生产-研究-中国　Ⅳ．①X93

中国版本图书馆 CIP 数据核字(2015)第 262039 号

---

**出版发行**：气象出版社
**地　　址**：北京市海淀区中关村南大街 46 号　　**邮政编码**：100081
**总 编 室**：010-68407112　　**发 行 部**：010-68406961
**网　　址**：http://www.qxcbs.com　　**E-mail**：qxcbs@cma.gov.cn
**策划编辑**：彭淑凡
**责任编辑**：徐秋彤　彭淑凡　　**终　　审**：章澄昌
**封面设计**：燕　彤　　**责任技编**：赵相宁
**印　　刷**：北京京华虎彩印刷有限公司
**开　　本**：850 mm×1168 mm　1/32　　**印　　张**：8
**字　　数**：215 千字
**版　　次**：2015 年 11 月第 1 版　　**印　　次**：2015 年 11 月第 1 次印刷
**定　　价**：30.00 元

---

# 展现中国特色　推进安全生产（自序）

3000多年来人类历史上最重大的事件，就是工业化，人类历史只有工业革命之前的世界和工业革命之后的世界之分。工业化改变了整个世界，使社会财富大大增加，使人类文明大大推进；然而也正是工业化、工业革命和工业生产，导致了如今安全事故不断、人的生命健康和社会财富每时每刻都在遭受损失的严峻局面，这已引起了国际社会的普遍关注和高度重视。

中国的发展同工业化紧密相连。在工业化的推动下，我国从一穷二白迈向世界经济大国，经济总量连年位居世界第二位，被称为"世界工厂"；与此同时，我国的安全生产状况却始终十分严峻，事故总量仍然较大，重特大事故时有发生，安全生产主要相对指标与发达国家仍相差5倍至8倍；职业危害因素增加，有毒有害物质严重威胁从业人员身体健康，安全生产工作的长期性、艰巨性、复杂性、反复性依然突出。如今，安全生产已经成为制约我国经济社会科学发展的一个重大瓶颈。

在工业化进程中必然度过一个事故易发期，这是所有工业化国家都要经历的一个不可逾越的历史阶段，我国也不例外。面对庞大的经济规模和繁重的建设任务同安全生产的矛盾，面对生产安全事故对人民群众生命财产造成的巨大损失，笔者多年来一直在思考和研究，究竟应该采用怎样的方法、踏上怎样的道路，才能使我国尽快走出这一事故易发期、尽力减少生产安全事故对人民群众生命财产造成的损失——走中国特色安全生产之路，这就是笔者八年潜心探索得出的最终结论。

中国特色安全生产之路，实际上就是在当前我国处于生产事故高峰期、交通事故高发期、火灾事故高危期“三期”叠加特殊时期的情况下，为实现我国安全生产状况根本性好转，并为实现更加公平、更有效率、更可持续的发展提供安全保障，所走的一条独特的安全生产发展之路。

具体而言，就是具有中国特色、符合中国实际、维护中国利益的安全生产发展之路，就是坚持以人为本、遵循安全规律的安全生产发展之路，就是为中华民族伟大复兴、全面建成小康社会提供有力保障的安全生产发展之路，就是一切为了人民群众、一切依靠人民群众的安全生产发展之路。

每年4月28日是世界职业安全健康日。2015年4月28日，国际劳工组织总干事莱德致辞指出，全球每年有3.13亿名工人遭受非致命性职业伤害，即每天有85万多人在工作中受伤；每年有230多万人在工作场所死亡，即每天有6400多人死亡；职业伤害事故每年造成的经济损失约占全球GDP的4%，2014年达到2.8万亿美元。真是触目惊心。

在经济全球化情况下，安全生产没有国界，已经成为世界各国共同面对的重大课题。中国成为世界经济大国后，承担的责任和义务更多，也应为工业化、工业革命和工业生产条件下的安全生产作出自己的贡献。中国特色安全生产之路，一方面能够有效提升中国安全生产工作水平，加快实现我国安全生产状况根本性好转，另一方面能够为世界其他国家在应对安全生产难题时提供有益借鉴，促进全球安全生产，这就是中国特色安全生产之路的重要作用和重大影响。

随着经济社会的持续发展和科学技术的日新月异，安全生产在人类社会中的作用越来越大，地位越来越重，可以说具有“四个第一”的定位——经济建设第一要求、企业生产第一需求、社会进步第一追求、个人成长第一诉求。因此，对安全生产工作无论怎样重视都不为过。只有严格遵循中国特色安全生产之路，才能为经济建设、企业生产、社会进步、个人成长提供扎实可靠的安全保障——这既是中国特色安全生产之路所担负的历史使命，也是笔者矢志不渝追求的理想和目标。

简　新

2015年9月21日于新疆库尔勒市

# 目　录

# 绪 论

发展是人类文明的基础，是当今时代的主题。

为了实现发展和赶超，各发展中国家正在加快推进其现代化的进程；为了保持其经济和科技优势，各发达国家也在继续推进其发展。无论是发展中国家还是发达国家，其为发展所做出的努力和取得的成果，都为整个人类文明进步做出了贡献。可以说，人类文明进步的潮流，跌宕起伏，奔腾不息；人类社会发展的脚步，一往无前，永不停歇。

作为世界上最大的发展中国家，中国对发展的认识尤为深刻，认为中国解决所有问题的关键是要靠自己的发展。增强综合国力，改善人民生活，离不开发展；巩固和完善社会主义制度，增强社会主义的凝聚力和说服力，离不开发展；解决国内经济社会问题，保持社会政治稳定，实现国家长治久安，离不开发展；从根本上摆脱经济落后状况，振兴中华民族，使中国跻身于世界现代化国家之林，更离不开发展。归根到底，发展是硬道理。

邓小平同志强调“发展是硬道理”，对发展生产力有过许多重要论述。1978年9月16日，邓小平指出：**“我们是社会主义国家，社会主义制度优越性的根本表现，就是能够允许社会生产力以旧社会所没有的速度迅速发展，使人民不断增长的物质文化生活需要能够逐步得到满足。”**1980年1月16日，他指出：**“我们一定要、也一定能拿今后的大量事实来证明，社会主义制度优于资本主义制度。这要表现在许多方面，但首先要表现在经济发展的速度和效果方面。”**（《邓

小平文选》,第 2 卷,人民出版社,1994 年版,第 128、251 页)

正是由于全国上下聚精会神搞建设、一心一意谋发展,我国经济建设和各项事业的发展取得了举世瞩目的巨大成就。

从 1978 年到 2013 年改革开放以来的 35 年,是我国国民经济蓬勃发展、经济总量连上新台阶的 35 年,是综合国力和国际竞争力由弱变强的 35 年,也是成功实现从低收入国家向上中等收入国家跨越的 35 年。

——经济保持快速增长,年均经济增速高达 9.8%。1979—2012 年,我国国内生产总值年均增长 9.8%,同期世界经济年均增速只有 2.8%,我国高速增长期持续的时间和增长速度都超过了经济起飞时期的日本和亚洲“四小龙”。

——经济总量连上新台阶,综合国力大幅提升。国内生产总值由 1978 年的 3645 亿元迅速跃升至 2012 年的 518942 亿元。

——经济总量居世界位次稳步提升。1978 年我国经济总量仅位居世界第十位,2008 年超过德国居世界第三位,2010 年超过日本居世界第二位,经济总量占世界的份额由 1978 年的 1.8%提高到 2012 年的 11.5%。

——人均国内生产总值不断提高,成功实现从低收入国家向上中等收入国家的跨越。1978 年人均国内生产总值仅有 381 元,2012 年人均国内生产总值达到 38420 元,扣除价格因素,比 1978 年增长 16.2 倍,年均增长 8.7%,已经由低收入国家跃升至上中等收入国家。

——城镇化步伐明显加快。城镇化水平由 1978 年的 17.9%上升到 2012 年的 52.6%,上升了 34.7 个百分点,年均上升 1 个百分点。城镇总人口年均增加 1586 万人,乡村总人口年均减少 435 万人。城镇就业人员占全国的比重从 1978 年的 23.7%上升到 2012 年的 48.4%,乡村就业人员占比从 76.3%下降到 51.6%。

经过 30 多年的不懈奋斗,我国改革开放和现代化建设取得重大成就。社会生产力、经济实力、科技实力迈上了一个大台阶，人民生活水平、居民收入水平、社会保障水平迈上了一个大台阶，综合国力、国际竞争力、国际影响力迈上了一个大台阶。如果没有以经济建设为中心的各项事业的发展，所有这些成就的取得都是不可能的。

与此同时，我们也要清醒地认识到，尽管我国经济总量已经位居世界第二位，但人均国内生产总值仅是世界平均水平的 2/3，居世界第 80 位左右，在发展中面临一系列突出的矛盾和新的挑战。我国仍处于并将长期处于社会主义初级阶段的基本国情没有变，人民日益增长的物质文化需求同落后的社会生产之间的矛盾这一社会主要矛盾没有变，我国是世界最大发展中国家的国际地位没有变。这“三个没有变”，决定了我们必须始终坚持以经济建设为中心，大力发展生产力，不断增加社会财富，持续提高人民群众生活水平。

要发展生产力、增加社会财富、提高人民生活水平，一个十分重要的方面，就是必须抓好安全生产工作，保障生产正常进行，保障人员安全健康，保障财富持续增加，保障社会全面进步。特别是针对当前我国正处于工业化、城镇化快速发展进程中，处于生产安全事故易发多发的实际，必须大力进行探索创新，走出一条中国特色的安全生产发展之路。

马克思指出：**“真正的财富在于用尽量少的价值创造出尽量多的使用价值。”**（《马克思恩格斯全集》，人民出版社，第 26 卷，第 281 页）要做到“用尽量少的价值创造出尽量多的使用价值”，安全生产是必不可少的条件和保证。

发展生产力、创造社会财富，离不开劳动者、劳动资料和劳动对象。如果发生生产安全事故，劳动者受到伤害，劳动资料受到毁坏，劳动对象受到破坏，生产力不会得到发展，社会财富无法增加，要创造使用价值就必须花费额外的、更多的价值，这同马克思所说“用尽量少的价值创造出尽量多的使用价值”完全背道而驰。

当前我国正处于工业化、城镇化快速发展进程中，诱发生产安全事故的因素非常多,而我国安全生产工作基础又很薄弱,使我国处于生产安全事故易发多发高峰期,安全生产和安全发展的压力非常大。要有效解决这一问题,为经济社会发展提供可靠的安全保障,努力建设安全小康社会,就必须走一条中国特色的安全生产发展之路。

**——探索中国特色的安全生产发展之路,首先必须正确认识我国安全生产工作面临的形势。**当前我国正处于生产事故高峰期、交通事故高发期、火灾事故高危期"三期"叠加的特殊历史时期,安全生产形势依然严峻,甚至十分严峻,对我国经济社会持续健康发展造成重大威胁,对广大人民群众生命安全和身体健康造成重大威胁。

**——探索中国特色的安全生产发展之路,必须明确安全生产的功能和定位。**安全生产之所以在我国经济社会发展中具有极端重要性,就是因为它特有的功能和作用——安全是生命力、安全是生产力、安全是生存力。正因为如此,安全生产工作在我国各项事业中就具有"四个第一"的定位——经济建设第一要求、企业生产第一需求、社会进步第一追求、个人成长第一诉求。

**——探索中国特色的安全生产发展之路,必须明确安全生产的本质。**安全生产的本质,就是通过物质、技术、教育、管理等方式方法和手段,消除安全风险隐患,改善生产作业条件,保障生产正常进行,保障人员安全健康,保障财富持续增加,保障社会全面进步。

**——探索中国特色的安全生产发展之路,必须明确安全生产的投入和效益。**抓好安全生产必须要有投入,包括安全资金、安全人员、学生安全教育、安全法律、安全科技、安全理论、安全氛围、安全重视等的投入。抓好安全生产所取得的效益,包括经济效益、政治效益、民生效益、资源环境效益。

**——探索中国特色的安全生产发展之路,必须明确安全生产工作的客观规律。**具体就是笔者探索总结出来的简氏安全生产四大定律,包括简氏第一定律即同生共存定律、简氏第二定律即脆弱平衡定律、简氏第三定律即投入产出定律、简氏第四定律即递进扩散定律。

只有遵循客观规律，才能在实际工作中消除盲目性，把握主动性，从而取得成功。

——**探索中国特色的安全生产发展之路，必须明确安全生产工作的根本原则。**要坚持以人为本抓安全，具体包括安全生产人人有责、人人有权、人人有为、人人有利。只有坚持以人为本，才能得到广大社会公众和全体劳动者的真心拥护和广泛参与，才能为抓好安全生产工作凝聚最大合力和持久动力。

改革开放 30 多年来，我国经济连年保持高速增长，经济总量从世界第十位上升到第二位，人均 GDP 从 230 美元上升至 7600 美元，从低收入经济体进入中高收入经济体。但中国的发展也付出了很大的代价，能源资源消耗过多，生态环境污染严重，发展的不平衡、不协调、不可持续性日益显现，质量和效益不高，同时我国产业长期处于国际产业分工和价值链的中低端，以至于我国已经成为世界经济大国，但还不是经济强国。

随着我国内外经济环境和支撑我国发展的要素条件发生深刻变化，我国经济已经由过去的高速增长转为中高速增长，长期以来高投入、高消耗、高污染、低效益的粗放发展方式已难以为继，在这种情况下，抓好安全生产工作更有其重要作用。只有抓好安全生产，才能为经济社会发展提质增效升级提供可靠保障，才能实现更有效率、更加公平、更可持续的发展，才能更好地实现发展为了人民、发展依靠人民、发展成果由人民共享。

中国特色的安全生产发展之路，就是具有中国特色、符合中国实际、维护中国利益的安全生产发展之路，就是为中华民族伟大复兴、全面建成小康社会提供有力保障的安全生产发展之路，就是一切为了人民群众、一切依靠人民群众的安全生产发展之路。这条道路，只有起点、没有终点，只有更好、没有最好，需要我们全体公民共同为之奋斗。

# 第一章 “三期”叠加——安全生产背景论

安全生产是国民经济持续健康发展的重要前提，是维护社会和谐稳定的重要基础，是保障人民幸福安康的重要条件，事关人民群众生命财产安全，事关改革开放、经济发展和社会稳定大局，事关党和政府形象，在我国社会主义现代化建设事业中具有极端重要的作用和地位。

我国历来高度重视安全生产工作，为促进安全生产、保障人民群众生命财产安全进行了长期努力。但进入新世纪以来，随着经济的发展、社会结构的巨变，我国安全生产形势和社会心态都出现了新的变化，传统的安全生产工作方式方法面临重大挑战。

2002 年前后，经过改革开放 20 余年的发展，我国经济社会发展取得辉煌成就，同时也面临工业化、城镇化过程不可避免的世界性难题——安全生产事故高发。国际相关研究表明，当一个国家或地区年人均 GDP 在 1000 美元至 3000 美元时，该国或地区处于安全生产事故上升期；年人均 GDP 在 3000 美元至 5000 美元时是高发期；当年人均 GDP 达到 5000 美元至 8000 美元时，才进入稳定期；在年人均 GDP 超过一万美元后，安全生产事故总量呈下降趋势。按照这一划分，我国当时正处于安全生产事故的上升期，有的省份甚至处于高发期，而现实也是如此。从 1990 年到 2002 年，全国事故死亡人数平均每年上升 5800 多人，2002 年我国安全生产事故总量高达 107 万起，死亡 138965 人。

在社会心态方面，人们对生命、对安全的关注也空前提高。在全面建设小康社会加快推进和全球一体化趋势下，安全生产在国家安全、经济社会发展和人民生活中的地位越来越重要，影响越来越深远，关注度越来越高。随着人民生活水平的提高和独生子女逐渐成为就业主体，人们对生产生活中安全健康的需求也在迅速增加，但安全生产现状同需要的矛盾却越来越突出。

痛定思痛，党中央、国务院要求各地方各部门深刻吸取教训，将安全生产工作作为一项“极端重要的任务”，切实加大工作力度，坚决遏制重特大安全事故频发的势头。

2005 年 8 月，胡锦涛同志首次提出安全发展的理念；同年，安全发展被写入党的十六届五中全会文件。

2006 年 3 月，安全发展被写入国民经济和社会发展“十一五”规划纲要。

2007 年 10 月，党的十七大报告明确提出要坚持安全发展。

2011 年 11 月，国务院印发《关于坚持科学发展安全发展　促进安全生产形势持续稳定好转的意见》，将安全发展上升到国家战略的高度，首次提出要大力实施安全发展战略。

从“安全生产”到“安全发展”，从“安全发展理念”进而明确为“安全发展战略”，体现了党中央、国务院坚持以人为本、保障民生的执政理念，体现了党和政府对科学发展观认识的不断深化和对经济社会发展规律的科学总结，体现了安全与经济社会发展一体化运行的现实要求。正因如此，我国安全生产状况已得到改观，事故总量及事故死亡人数自 2003 年起实现连年下降。

然而，由于历史和现实种种因素的制约，我国安全生产形势严峻的局面仍然持续多年，各类安全事故伤害群众生命、摧毁社会财富、干扰正常秩序、影响国家形象，给经济发展和社会进步造成了多方面的阻碍。之所以会出现这一状况，就是因为我国已经进入生产事故高峰期、交通事故高发期、火灾事故高危期“三期”叠加的特殊历史时期;更为严重的是,整个社会对这一状况明显认识不足,采取的措施不匹配、不到位,这就导致我国安全生产形势多年来始终处于"依然严峻"甚至"依然十分严峻"的被动状态。

2005 年 8 月 25 日,全国人大常委会副委员长李铁映在第十届全国人民代表大会常务委员会第十七次会议上,作《关于检查〈中华人民共和国安全生产法〉实施情况的报告》时指出:"安全生产形势依然十分严峻。2004 年,全国发生各类生产安全事故 80.4 万起,死亡 136755 人……全国平均每天发生 7 起一次死亡 3 人以上的重大事故,每 3 天发生一起一次死亡 10 人以上的特大事故,每个月发生一起一次死亡 30 人以上的特别重大事故。每年因事故造成 70 多万人伤残,给近百万个家庭带来不幸,经济损失达 2500 亿元。另外,每年约 70 万人患各种职业病,受职业危害的职工在 2500 万人以上。"

2014 年 12 月 23 日,在第十二届全国人民代表大会常务委员会第十二次会议上,国家安全生产监督管理总局在报告安全生产工作情况时指出:"安全生产工作虽然取得了一定成效,但形势依然严峻。事故总量仍然较大,去年全国发生事故 30.9 万起、死亡 6.9 万人,今年 1 至 11 月事故总量 26.9 万起、死亡 5.7 万人。重特大事故时有发生,去年全国发生重特大事故 49 起、死亡 865 人,今年 1 至 11 月发生 37 起、死亡 685 人。安全生产主要相对指标与发达国家仍相差 5～8 倍。职业危害因素增加,特别是中小企业粉尘等有毒有害物质严重威胁从业人员身体健康。这些都表明,安全生产工作的长期性、复杂性和反复性依然突出。"

多年来,我国在安全生产方面下了很大功夫,投入很大力量,但安全生产形势一直是"依然严峻"、"依然十分严峻",这是值得深思的。

——1997 年初,劳动部安全生产管理局局长郑希文撰文指出:"近年来全国安全生产形势非常严峻。"

——2004 年 1 月 9 日,国务院印发《关于进一步加强安全生产工作的决定》指出:“目前全国的安全生产形势依然严峻。”

——2005 年 8 月 25 日,李铁映副委员长作《关于检查〈中华人民共和国安全生产法〉实施情况的报告》指出:“安全生产形势依然十分严峻。”

——2010 年 7 月 19 日,国务院印发《关于进一步加强企业安全生产工作的通知》指出:“形势依然十分严峻,事故总量仍然很大。”

——2014 年 12 月 23 日,国家安全生产监督管理总局向全国人大常委会报告安全生产工作情况,指出:“安全生产工作虽然取得了一定成效,但形势依然严峻。”

安全生产形势“依然严峻”,甚至“依然十分严峻”,宏观上讲就在于当前我国正处于生产事故高峰期、交通事故高发期、火灾事故高危期“三期”叠加的特殊历史时期。生产事故、交通事故、火灾事故,无论是哪个方面的事故,对经济社会发展的危害都十分巨大,而这三方面的因素互相交织、互相影响,所造成的危害和损失就更加严重,防范和应对也更加困难,必须引起全社会的高度重视。

## 第一节　生产事故高峰期

当前我国正处于工业化、城镇化快速发展进程中,处于生产安全事故易发多发的高峰期。

研究表明,安全生产状况相对于经济社会发展水平,呈非对称函数关系,大致可以划分为四个阶段:一是工业化初级阶段,工业经济快速发展,生产安全事故多发;二是工业化中级阶段,生产安全事故达到高峰并逐步得到控制;三是工业化高级阶段,生产安全事故快速下降;四是后工业化时代,生产安全事故稳中有降,事故死亡人数很少。

安全生产的这种阶段性特点,揭示了安全生产同经济社会发展水平之间的内在联系。当人均国内生产总值处于快速增长的特定区间时，生产安全事故发生的次数也相应地较快上升，并在一个时期内处于高位波动状态，这个阶段就是生产安全事故易发多发的高峰期，我国正处于生产事故高峰期。所谓“易发”，是指潜在的不安全因素较多，容易导致安全事故。在此期间，一方面经济快速发展，社会生产活动和交通运输规模急剧扩大；另一方面安全法制尚不健全，政府安全监管机制不尽完善，生产力水平不高，企业和公共安全基础较为薄弱，教育和培训相对滞后，这些因素都容易导致事故多发。

1990 年至 2014 年我国安全生产状况如表 1-1 所示。

**表 1-1 1990—2014 年我国安全生产状况**

| 年份 | 事故起数 | 死亡人数 |
| --- | --- | --- |
| 1990 年 | — | 68342 |
| 1991 年 | — | 72618 |
| 1992 年 | — | 78568 |
| 1993 年 | — | 96298 |
| 1994 年 | — | 99672 |
| 1995 年 | — | 103543 |
| 1996 年 | — | 101600 |
| 1997 年 | — | 101037 |
| 1998 年 | — | 104126 |
| 1999 年 | — | 108086 |
| 2000 年 | 830397 | 118198 |
| 2001 年 | 1000629 | 130491 |
| 2002 年 | 1076939 | 138965 |
| 2003 年 | 963976 | 136340 |
| 2004 年 | 808433 | 136025 |
| 2005 年 | 717938 | 127089 |

续表

| 年份 | 事故起数 | 死亡人数 |
|---|---|---|
| 2006年 | 627158 | 112822 |
| 2007年 | 506376 | 101480 |
| 2008年 | 413752 | 91172 |
| 2009年 | 379248 | 83200 |
| 2010年 | 363383 | 79552 |
| 2011年 | 347728 | 75572 |
| 2012年 | 336988 | 71983 |
| 2013年 | 309295 | 69434 |
| 2014年 | 298000 | 68061 |

可以看出，经过各方不懈努力，我国安全生产工作取得了实际成效，事故起数从2002年的107万起降至2014年的29.8万起，事故死亡人数从2002年的13.89万人降至2014年的6.8万人，然而，我国安全生产工作的被动局面仍未得到根本改观，形势依然严峻。

客观地说，我国安全生产工作在有关各方的共同努力下，取得了较大成效，相关安全生产指标均得到明显改善和提高，但同广大人民群众的期待相比，同世界发达国家安全生产管理水平相比，还存在相当大的差距。

1996年4月，劳动部印发《关于“九五”期间安全生产规划的建议》，指出：“我国安全生产工作还存在不少问题，主要是：安全生产的法律、法规和标准不完善、不配套，已有法律、法规贯彻执行不力；安全生产资金投入不足，安全设施落后，事故隐患和职业危害相当严重；一些地方政府和企业领导对安全生产工作重视不够，安全生产责任制不落实；相当一部分企业管理不严，劳动者安全生产意识不强，违章指挥、违章操作、违反劳动纪律现象严重；有些单位对事故查处不及时、不严肃，结案率低，没有认真吸取教训和采取有效的预防措施；安全生产监察体系不完善，安全生产制约和激励机制尚未形成，安全科学研究和应用水平低。”

2006 年 8 月，国务院办公厅印发《安全生产“十一五”规划》，指出：“我国安全生产主要存在以下突出问题：一是事故总量大。近 10 年平均每年发生各类事故 70 多万起，死亡 12 万多人，伤残 70 多万人。在各类事故中，道路交通事故平均每年发生 50 多万起，死亡 9 万多人，约占各类事故总起数和死亡人数的 71%、76%；工矿商贸企业事故平均每年发生 1.6 万多起，死亡 1.6 万多人，约占各类事故死亡人数的 13%。二是特大事故多。2001 年至 2005 年，全国共发生一次死亡 30 人以上特别重大事故 73 起，平均每年发生 15 起；一次死亡 10～29 人特大事故 587 起，平均每年发生 117 起。特别重大事故中，煤矿事故起数最多，平均每年发生 8 起，占 58%；特大事故中，道路交通、煤矿事故平均每年发生 42 起，各占 36%。三是职业危害严重。据有关部门统计，每年新发尘肺病超过 1 万例。目前，全国有 50 多万个厂矿存在不同程度的职业危害，实际接触粉尘、毒物和噪声等职业危害的职工高达 2500 万人以上，农民工成为职业危害的主要受害群体。四是与发达国家相比差距大。20 世纪 90 年代中期以来，发达国家工业生产中一次死亡 3 人以上的重特大事故已大幅度减少。而我国近年来重特大事故起数和死亡人数，以及职业病发病人数和死亡人数，仍是比较突出的国家之一。特别是煤矿、道路交通领域安全生产状况与发达国家相比差距较大。五是生产安全事故引发的生态环境问题突出。”

2011 年 10 月，国务院办公厅印发《安全生产“十二五”规划》，指出：“一是安全生产形势依然严峻。我国仍处于生产安全事故易发多发的特殊时期，事故总量仍然较大，2010 年发生各类事故 36.3 万起、死亡 7.9 万人。重特大事故尚未得到有效遏制，‘十一五’期间年均发生重特大事故 86 起，且呈波动起伏态势。非法违法生产经营建设行为仍然屡禁不止。尘肺病等职业病、职业中毒事件仍时有发生。

二是安全生产基础依然薄弱。部分高危行业产业布局和结构不尽合理，经济增长方式相对粗放。经济社会发展对交通、能源、原材料等需求居高不下，安全保障面临严峻考验。轨道交通、隧道、超高层建筑、城市地下管网施工、运行、管理等方面的安全问题凸显。一些地方、部门和单位安全责任和措施落实不到位，安全投入不足，制度和管理还存在不少漏洞。部分企业工艺技术落后，设备老化陈旧，安全管理水平低下。三是安全生产监管监察及应急救援能力亟待提升。四是保障广大人民群众安全健康权益面临繁重任务。”

现阶段我国各类安全事故易发多发，其原因是十分复杂的。

2005 年 8 月 25 日，全国人大常委会副委员长李铁映在十届人大常委会第十七次会议上就《中华人民共和国安全生产法》(以下简称《安全生产法》)实施情况进行报告，在分析我国安全生产形势被动的原因时认为，一是安全生产工作不适应新时期的要求；二是行业管理弱化，安全监管体制不顺；三是对安全生产重要性认识不到位，全社会安全生产法制意识不强。

2006 年 9 月 19 日，国家安全生产监督管理总局局长李毅中在第三届中国国际安全生产论坛开幕式上指出：“安全生产形势依然严峻。事故总量仍然过高，安全生产相对指标与先进国家相比差距甚大，给人民群众生命财产安全造成严重损失，给经济建设和社会和谐带来负面影响。”

李毅中对这一局面形成原因进行了分析，主要包括四个方面：一是第二产业比重较大，高风险行业发展势头不减，加大了事故风险；二是在粗放型经济增长方式下，经济总量的扩大有可能导致事故增加；三是农村劳动力大量转移，迫切需要进行教育培训；四是现阶段我国生产力发展水平还比较低，许多企业生产手段落后，有的甚至不具备基本的安全生产条件。要改变这一状况，还需要一个相当长的时期。请看报道：

## 我国近十年事故死亡120万人
## 李毅中：用十几年时间实现安全生产状况根本性好转

**本报讯(记者刘铮、熊争艳)** 美国、英国走出事故易发期用了60年和70年，日本用了26年，国家安全生产监督管理总局局长李毅中19日表示，中国可以借鉴别国经验，采取过硬措施，缩短发达国家普遍经历的事故易发期。

“用十几年时间，实现中国安全生产状况的根本性好转。”李毅中在第三届中国国际安全生产论坛上演讲时表示。

安监总局统计显示，最近10年，全国每年平均发生各类事故70多万起，死亡约12万人。

根据安监总局组织专家的研究成果，与经济发展阶段紧密相关，各国都有一个事故易发期。美国、英国的事故易发期在人均GDP 1000至3000美元之间；日本的易发期在人均GDP 1000至6000美元之间。

根据国家统计局的数据，中国人均GDP 2003年超过1000美元，2005年达到1703美元。

“易发并不等于必然高发、频发。”李毅中指出，与发达国家相比，中国具有明显的后发优势，可以吸取别国经验教训，充分发挥现代科技和管理的优势，取长补短，实现安全生产跨越式发展。

根据《安全生产“十一五”规划》，到2010年，中国亿元GDP事故死亡率要从2005年的0.7降低为0.4；一次死亡10人以上的特大事故起数下降20%以上。而到2020年，要实现全国安全生产状况根本性好转，主要指标达到或接近中等发达国家水平。

**原载2006年9月20日《经济参考报》**

2013年1月17日，中共中央政治局常委、国务院副总理张德江在全国安全生产电视电话会议上指出，安全生产面临的挑战仍然严峻，一是安全基础总体薄弱与经济社会持续健康发展要求不适应，二是部分企业生产方式相对落后与安全发展要求不适应,三是一些高危行业职工技能素质偏低与安全生产的要求不适应,四是监管监察力量不足与繁重的监管任务不适应。

由于我国人口众多,以及生产规模庞大,每年人员流动及各类物资运送数量大、频次多、路途远,对我国安全生产工作也带来重大影响。

交通运输部在2013年首次发布《中国公路水路交通运输发展报告》披露,到2012年年底,我国公路总里程达424万公里,高速公路通车里程达9.6万公里,公路桥梁达71.3万座、3663万米,公路隧道达1万余处、805万米;全国内河航道通航里程达12.5万公里,沿海和内河港口生产性泊位达3.2万个;全国拥有公路营运汽车1340万辆,水上运输船舶17.9万艘。

《报告》指出,2012年,全国完成公路客运量355亿人次、旅客周转量18468亿人公里,分别是1978年的23.8倍、35.4倍;全国完成公路货运量318亿吨、货物周转量59535亿吨公里,分别是1978年的21倍、170倍;全国完成水路货运量45.9亿吨、货物周转量81708亿吨公里,分别是1978年的9.7倍、21.5倍;全国港口完成货物吞吐量107亿吨,是1978年的38.5倍,亿吨大港达到29个;城市客运系统运送旅客1228亿人。

规模如此庞大的人员、物资每时每刻都在通过陆路、水路进行运送,而且每年还在持续增加,全国安全保障压力之大可想而知。

此外,经济全球化还带来发达国家向我国转移高风险产业,使我国安全生产工作面临更为复杂的局面。

正是由于这些方面因素的影响,导致我国至今仍然处于生产安全事故易发多发的特殊时期,使安全生产形势依然严峻。

2011年10月,国务院办公厅印发《安全生产"十二五"规划》确定,到2015年,企业安全保障能力和政府安全监管能力明显提升,各行业领域安全生产状况全面改善,全国安全生产保持持续稳定好转态势，为达到2020年实现安全生产状况根本好转奠定坚实基础。要实现这一目标，挑战重重，任重道远。

## 第二节　交通事故高发期

交通运输业是保障经济发展、促进社会进步的基础性、先导性产业，历来是国民经济中一个十分重要的物质生产部门，对推动生产发展、促进物资交流、改善人民生活等都具有十分重要的作用，马克思称之为“除采矿业、农业、加工业以外的第四物质生产领域”，将运输看成是生产过程的延续。这个延续显然以生产过程为前提，但是如果没有这个延续，生产过程就不能最后完成。

马克思指出：**“生产越是以交换价值为基础，因而越是以交换为基础，交换的物质条件——交通运输工具——对生产来说就越是重要。资本按其本性来说，力求超越一切空间界限。因此，创造交换的物质条件——交通运输工具——对资本来说是极其必要的：用时间去消灭空间。”**（《马克思恩格斯全集》第46卷，下册，人民出版社，1980年版，第16页）马克思还明确指出：**“改善交通运输工具也属于发展一般生产力的范畴。”**（同上书，第14页）

随着经济发展、科技进步、人民生活水平日益提高，以及社会节奏的加快，交通运输作为国民经济的命脉、物质生产活动和商品流通的支柱，其作用更加突出，地位更加重要；尤其是在当今世界，高度发达的交通运输已经成为一个国家经济发展、文化繁荣、国防巩固、人民生活富裕的重要前提和保障，所以交通运输必须先行。

1949年，我国公路通车总里程只有8.07万公里。到2013年，全国公路通车总里程达到434万公里，高速公路总里程达到10.4万公里，居世界第一位，国家的高速公路网骨架基本形成；农村公路基本实现“村村通”，全国农村公路通车总里程达到378万公里；在2007年，“五纵七横”国道主干线就已全线贯通。

由于我国经济的持续发展，中国的汽车市场已经成为世界汽车行业增长最快的市场，中国也已进入汽车社会，随之而来的就是占用农村耕地、过度消耗能源、大气污染和噪声污染等社会矛盾的呈现，其中最为严重的则是交通秩序混乱、交通事故频发。

改革开放以来，我国汽车生产量和销售量持续增长，见表1-2。

**表1-2 1978—2014年我国汽车产量和世界排名**

| 年份 | 汽车产量(万辆) | 占全球百分比 | 世界排名 |
|---|---|---|---|
| 1978年 | 15 | 0.4% | — |
| 1992年 | 106 | — | — |
| 1998年 | 162 | — | 第10位 |
| 1999年 | 183 | 3.35% | 第9位 |
| 2002年 | 325 | 7.3% | 第7位 |
| 2003年 | 444 | 7.9% | 第6位 |
| 2004年 | 507 | 8.6% | 第4位 |
| 2006年 | 727 | 10.5% | 第3位 |
| 2008年 | 934 | 13.3% | 第2位 |
| 2009年 | 1379 | — | 第1位 |
| 2014年 | 2372 | — | 第1位 |

从2002年开始，以个人消费为支撑，中国汽车产业保持了十多年的高速增长。2005年，国务院发展研究中心曾预测，未来15年中国汽车工业将迅速发展，预计2010年生产汽车可达到1000万辆，2020年将达到1400万辆至1500万辆，并成为世界第一汽车消费大国和生产大国。而实际上，2009年我国生产汽车就已达到1379万辆，从2009—2014年，我国生产汽车连续6年保持世界第一。成为世界第一汽车生产和消费大国，提前11年实现这一目标。

1990年，我国汽车总量不到1000万辆。进入新世纪，我国汽车的产销量和保有量均持续上升。2000年，全国汽车保有量为1600万辆，2005年为3160万辆，2010年为9086万辆。2011年，全国汽车保有量为 1.06 亿辆，突破 1 亿辆，仅次于美国，位居世界第二。到 2014 年底，全国汽车保有量达到 1.54 亿辆。

然而，这些只是汽车的数量，全国的机动车保有量则更多。到 2011 年底，我国机动车保有量为 2.25 亿辆，到 2014 年底增加到 2.64 亿辆。与此相应，全国机动车驾驶人员突破 3 亿人，居世界第一，其中汽车驾驶人员 2.44 亿人。

道路交通的现代化、汽车使用的普及化、人员活动范围的扩大化及场所变动的快速化，反映了社会的发展进步和人民群众生活水平的提高，但也带来了一系列的问题和矛盾，汽车的过快增长乃至无限制增加，所带来的不仅仅是城市交通拥挤、停车困难，也不仅仅是广大群众基本的出行权利受到影响，其中最为严重的是交通事故。

道路交通事故并非中国独有，而是一个世界性的问题。根据世界卫生组织的统计，2010 年全世界有 817 人死于灾难事故，但是死于道路交通事故的却有近 130 万人，也就是说，平均每天有 3500 多人死亡、每小时有 140 多人死亡。

世界卫生组织对交通事故的专门报告指出，受害最严重的是那些较为贫穷的中低收入国家，其交通事故死亡总数约占全世界的 85%，交通事故所造成的经济损失占这些国家年度国内生产总值的 1%至 1.5%，远远超过了其每年获得的国际发展援助总额。在亚洲、非洲、拉丁美洲的低收入国家和地区，绝大多数道路交通事故的受害者是行人、乘客、骑自行车者、两轮机动车驾驶员等。而在大多数高收入国家，汽车驾乘人员在车祸致死人员中占多数。

世界卫生组织在报告中指出，相对于人类所面对的日益严重的道路交通问题而言，各国迄今为止所付出的努力只能说是微不足道的。人们常常把道路交通事故称为“意外”，从而给人以这类事故是“不可避免”的感觉。但是实际上，这些事故是可以通过理性分析和正确对策来预防和减少的。

那么，全世界道路交通事故状况到底是怎样的？请看报道：

## 世卫组织:全球车祸每年致死近130万人

**新华社日内瓦11月20日电** 11月21日是世界道路交通事故受害者纪念日。纪念日前夕,世界卫生组织提醒说,道路交通事故每年造成近130万人死亡,5000万人伤残,是10岁至24岁青少年的主要死因。

世卫组织说:“世卫组织和联合国道路安全协作机制鼓励世界各国政府和非政府组织纪念这个日子,藉此提醒公众关注道路交通事故及其后果和代价,以及为预防这类事故所能采取的措施。”

联合国秘书长潘基文也发表声明指出,因交通事故造成的伤亡对发展和公共健康构成重大挑战。通过采取一整套已证明有效的简单措施,比如系安全带、遵守限速规定及驾车时避免使用手机和其他分散注意力的物品等,可避免许多悲剧,这不仅有利于个人和家庭,而且有利于整个社会。

潘基文还指出,今年早些时候,联合国大会通过决议,宣布2011年至2020年为“道路安全行动十年”,相关计划将于2011年5月11日在全球启动,各国政府应该在此之前公布本国的十年计划。

**新华社2010年11月20日播发**

一年近130万人死亡、5000万人伤残,这就是世界道路交通事故造成的恶果,这也是在全世界造成伤亡和残疾的主要原因之一,同时还造成巨额经济损失。因此,国际社会对道路交通安全给予了充分的重视,并采取了多方面的措施。

——世界卫生组织将2004年4月7日的世界卫生日命名为“道路安全日”,主题是“道路安全,防患未然”。

——2007年4月23日至29日,联合国举行了第一届“全球道路安全周”活动。

——2010年3月,联合国大会通过决议,将2011年至2020年设为“道路安全行动十年”,呼吁各成员国在“道路安全管理、增强道路和机动安全、增强车辆安全、增强道路使用者安全、交通事故后应对”五个方面开展工作，从而减少道路交通伤害的死亡和残疾人数。

正如联合国秘书长潘基文2010年11月21日在联合国第五个“世界道路交通事故受害者纪念日”发表的声明所指出的，道路交通死亡对发展公共健康构成重大的挑战。当然，这一挑战对任何一个国家都是一样的，无论是发达国家还是发展中国家，而中国面对的这一挑战则最为严峻。

我国道路交通事故状况严峻程度，通过表1-3可见一斑。

**表1-3　2000—2011年中国道路交通事故状况统计表**

| 年份 | 全国事故起数 | 死亡人数 | 道路交通事故起数 | 死亡人数 | 万车死亡率 | 直接经济损失（亿元） |
|---|---|---|---|---|---|---|
| 2000年 | 830397 | 118198 | 617150 | 93493 | — | 26.7 |
| 2001年 | 1000629 | 130491 | 760327 | 106367 | — | 31 |
| 2002年 | 1076937 | 138965 | 773137 | 109381 | 13.7 | 33 |
| 2003年 | 963976 | 136340 | 667507 | 104372 | 10.8 | 33.7 |
| 2004年 | 808433 | 136025 | 517889 | 107077 | 9 | — |
| 2005年 | 717938 | 127089 | 450254 | 98738 | 7.6 | 18.8 |
| 2006年 | 627158 | 112822 | 378781 | 89455 | 6.2 | 15 |
| 2007年 | 506376 | 101480 | 327209 | 81649 | 5.1 | 10 |
| 2008年 | 413752 | 91172 | 265204 | 73484 | 4.3 | 10 |
| 2009年 | 379248 | 83200 | 238351 | 67759 | 3.6 | 9 |
| 2010年 | 363383 | 79552 | 219521 | 65225 | 3.2 | 9.3 |
| 2011年 | 347728 | 75572 | 210812 | 62387 | 2.8 | — |

从上表可以看出，2000年我国道路交通事故61.7万起，占全国事故总数83万起的74.3%；道路交通事故死亡9.34万人，占全国事故死亡人数11.8万人的79%。

2005年，我国道路交通事故45万起，占全国事故总数71.79万起的 62.7%；道路交通事故死亡 9.87 万人，占全国事故死亡人数 12.7 万人的 77.7%。

2011 年，我国道路交通事故 21 万起，占全国事故总数 34.77 万起的 60%；道路交通事故死亡 6.23 万人，占全国事故死亡人数 7.55 万人的 82.5%。

从 2000 年到 2011 年的 12 年间，我国各类事故总数和道路交通事故数量总体上在下降，但是道路交通事故在全国事故中所占比例为 74%至 60%，占大多数。与此相应，我国事故死亡人数及道路交通事故死亡人数总体上也在下降，但是道路交通事故死亡人数在全国事故死亡人数中所占的比例却始终保持在 80%左右，换句话说，我国近 10 年来每年因各种事故导致死亡的，每 5 个人当中就有 4 人是由于道路交通事故而死亡。

再从世界角度看，我国的万车死亡率一直较高，不仅高于发达国家，甚至同世界平均水平相比差距也很明显。2006 年，我国万车死亡率是 6.2，而日本万车死亡率是 0.77，美国万车死亡率是 1.77。我国的交通事故致死率为 27.3%，居世界首位，日本为 0.9%，美国为 1.3%。根据世界卫生组织 2004 年 10 月发布的交通事故死亡报告，中国汽车总量仅占全球汽车总量的 1.9%，但是中国因交通事故死亡人数占世界交通事故死亡人数的比重却高达 15%。世界卫生组织和世界银行由此将中国的公路称为“世界上最危险的公路”。

我国道路交通事故易发、多发，而且一旦发生事故很容易造成群死群伤，有着多方面的原因。2010 年 4 月，全国人大内务司法委员会《关于道路交通安全管理工作的调研报告》具体分析了道路交通安全工作存在的四个方面主要问题：

一是机动车快速增长与道路资源不足的矛盾加剧。随着经济发展和人民生活的改善，机动车保有量增长很快，目前全国机动车保有量达 1.87 亿辆，比 2003 年 0.96 亿辆增长了 93.4%。2009 年全国公路通车里程虽然达到382.8万公里，比2003年的180.9万公里增加了201.9万公里，除去自2006年起调整统计标准后一次性纳入公路统计里程的村道153.2万公里，公路通车里程实际增加48.7万公里，仅增长14.5%。城市道路建设虽然有很大发展，但远远赶不上机动车的发展，目前城市道路总里程为26.7万公里，只比2003年增长28.4%。

二是行政管理和行业监管责任还没有完全落实到位。《道路交通安全法》规定县级以上人民政府应当制定道路交通安全管理规划并组织实施，但目前道路交通安全工作缺乏宏观统筹规划，城市快速发展引发新的交通问题；道路交通安全法规定达到报废标准的车辆不得上道路行驶，实际上仍有不少这样的车辆在监管不力地区特别是农村地区行驶。

三是道路交通安全工作压力加大。在全国目前的通车里程中，三级以下低等级公路约占89%，城市交通与公路运输混合，特别是农村公路安全基础薄弱，建设标准偏低，很多山区、临水、临崖、急弯、陡坡路段缺少安全防护设施，一些城镇交通标志标线和交通控制设施设置滞后，改造维修需要的投入较大，目前情况下中西部地区地方财政难以承担。道路交通的快速发展也给警力警务保障带来很大压力。

四是公民道路交通安全意识有待进一步加强。经济社会快速发展，群众出行需求也快速增长，但从整体看全社会交通安全意识还比较薄弱。机动车驾驶人无视安全规定超速行驶、客车超员、货车超载、违章停车、酒后驾车，非机动车驾驶人和行人乱闯红灯、随意横穿道路的违法违章现象还相当普遍。因机动车未礼让行人导致的事故死亡人数年均上升5%。由于农村地区客运运力不足，农村群众多以安全性能较差的拖拉机、三轮汽车、低速货车、摩托车等代步出行，对这些车辆的管理相对薄弱，容易引发道路交通事故。

当然，导致我国道路交通事故易发高发的原因是多方面的，但导致我国道路交通事故如此严峻局面的根本原因还在于人。

到2014年底，我国机动车保有量为2.64亿辆，其中汽车保有量为1.54亿辆，我国每千人汽车保有量为106辆，是世界千人汽车保有量155辆的68%。而在2000年，我国汽车保有量为1600万辆，千人汽车保有量仅为12.4辆，14年增长了7.5倍，使我国大步跨入了汽车社会。然而，广大交通参与者的遵纪守法、文明道德、自觉自律意识以及文明行车修养，离现代文明、交通文明的要求相距甚远。据统计，我国每年发生的各种交通事故，70%以上的都同驾驶人安全意识淡薄、在驾驶中不按规则行驶有关。要从根本上扭转我国道路交通安全工作的被动局面，必须以人为本，着眼于提高人的安全素质。

2010年1月5日，中央文明办和公安部联合开展为期三年的文明交通行动计划，围绕“关爱生命，文明出行”这一活动主题，重点组织开展了四项活动：一是倡导“六大文明交通行为”，即大力倡导机动车礼让斑马线、机动车按序排队通行、机动车有序停放、文明使用车灯、行人及非机动车各行其道、行人及非机动车过街遵守信号等文明交通行为；二是“摒弃六大交通陋习”，即自觉告别机动车随意变更车道、占用应急车道、开车打手机、不系安全带、驾乘摩托车不戴头盔、行人过街跨越隔离设施等交通陋习；三是“抵制六大危险驾驶行为”，即坚决抵制酒后驾驶、超速行驶、疲劳驾驶、闯红灯、强行超车、超员超载等危险驾驶行为；四是“完善六类道路安全及管理设施”，即进一步完善城市过街安全设施、路口设施、出行引导与指路设施、道路车速控制设施、农村公路基本安全设施、施工道路交通组织与安全防护设施。这四项活动中除了第四项是安全设施外，前三项都同人的安全交通行为有关，这既说明了人的素质在道路交通安全工作中的重要性，同时也反映出我国公民交通文明的欠缺。

2013年6月13日，公安部、中央文明办、教育部、司法部、交通运输部、国家安全生产监督管理总局联合印发《“文明交通行动计划”

实施方案(2013—2015)》,继续开展文明交通行动计划。

普通的汽车、客车发生交通事故,所造成的损失已经是十分严重了,如果出事车辆还载有易燃易爆及有毒有害危险物品,其危害将更大。我国已经成为世界化工大国,不仅化工制品产量位居世界前列,而且运输量也十分庞大,每年通过公路运输的危险化学品有3000多个品种、2.5亿吨。在危险化学品道路运输活动中,超载、超限、疲劳驾驶现象严重,一旦发生交通事故,危害损失也会更大。请看报道:

## 消防称陕西延安事故客车乘客熟睡中遭大火包围

**中新网8月26日电** 2012年8月26日凌晨2点40分许,包茂高速公路安塞段发生一起客车与运送甲醇货运车辆追尾碰撞交通事故,引发甲醇泄漏起火,导致客车起火,事故已造成36人死亡。据中央电视台消息,因事故发生时乘客均在熟睡,大量甲醇泄漏迅速燃烧,因而车上逃生机会相当少。

参与事故救援的延安消防支队参谋长岳玖祥介绍,两车追尾甲醇大量泄漏,导致客车严重变形,人员疏散困难,加上事故发生于凌晨2点多,大部分乘客均在熟睡,大量甲醇泄漏,迅速围住客车燃烧,车上乘客逃生机会相当少。

目前已确认客车为呼和浩特市运输集团公司的宇通牌大客车,8月25日下午5点由呼和浩特市发往西安,车辆核载39人,实载39人,死亡36人,抢救3人,目前正在医院救治。

**原载2012年8月26日中国新闻网**

我国道路交通安全的严峻形势,引起了国外媒体的关注。请看报道:

## 中国必须正视道路安全问题

## 美国《纽约时报》网站7月27日文章题：中国道路安全问题构成严重威胁

上周造成39人丧生的动车相撞事故引起中国公众的极大关注，但是这只是范围更为广泛的交通安全问题的一部分，发生在这个国家公路上的事故尤其严重。

虽然中国媒体充斥着对“7·23”动车事故的评论，但几乎没有人指出，这起事故造成的死亡人数显然没有河南“7·22”客车燃烧事故造成的多，后者夺取了41人的生命。

据公共卫生专家说，交通事故是45岁以下中国人死亡的主因。鉴于汽车销量在过去十年中激增，而数千万司机——其中许多都没有经过任何正规培训——都属新手上路，因此公路交通事故的死亡率可能会进一步攀升。

中国的交通运输部与铁道部是相互独立的两个部门，前者负责监管道路、空中和水上的交通。交通运输部高级官员周日在发生“7·23”铁路事故后召开紧急会议，下令全国各地的官员加强交通安全，特别是加强对客运行业的监管。客车经常超载，河南发生事故的那辆客车设计载客量不得超过35人，却搭乘了47人，并且客车经常是在深夜行驶，而夜间公路交通状况更加危险。

去年底，中国道路上有7800万辆车在行驶，基本相当于美国的三分之一。但是中国得到警方证实的交通死亡人数每年超过7万人，是美国的两倍。实际的数字或许更多。中国和西方的交通安全专家都说，美国的数字极为可靠，实际上统计了所有死亡的人数，但是中国交通死亡人数的总数只有很小的一部分在官方的统计数字中得到了体现，因为地方警察瞒报少报的现象非常普遍。

对比政府和行业的数据显示，中国警方公布的每百万辆车交通死亡年发生频率似乎约是美国的6倍。如果将警方对中国交通死亡人数长期少报的因素考虑进去，那么每百万辆登记在册车辆的真正年交通死亡率显然是美国的近20倍。

去年，约翰斯·霍普金斯-布隆伯格公共卫生学院同中国长沙中南大学联合对2007年全国发生的交通死亡事故展开了调研，结果发现，在卫生部死亡登记数据中出现的交通死亡数字是警方报告的数字的近3倍。

汽车经理人和研究人员说，中国的轿车大部分是在西方设计，按照西方规格生产的，并且每年行驶的里程数并不比美国多。因此，中国相对更高的死亡人数可能更多是由于司机和行人行为不当和路况差造成的——其中包括严重缺乏路边安全栅栏——而不是由于车辆的设计或过量使用造成的。

**原载2011年7月28日《参考消息》**

当前我国正处在机动化初期阶段，交通需求的日益增长同道路交通基础设施承受能力之间的矛盾没有改变，道路交通的不安全因素大量存在。从发达国家的交通发展经历看，人均GDP接近9000美元时，道路交通事故人口死亡率将达到顶峰。2014年我国人均GDP为7600美元，我国道路交通事故人口死亡率仍存在着一定的上升空间，这也是交通运输行业快速发展必须正视和解决的一个重大问题。

## 第三节　火灾事故高危期

火造福于人类，这是人所共知的。但是，火有两重性，当人们对火失去控制时，它就会成为一种具有很大破坏力的灾害，给人类的生产、生活和生命安全构成威胁。据联合国世界火灾统计中心提供的资料，全世界每天发生火灾1万起左右，死亡2000多人，受伤3000多人，火灾已成为世界各国的共同灾害。

随着经济的快速发展，工业生产和商业活动的增加，各类企业及城市居民物质财富的快速增长，火灾已经成为我国城市中居于首位的灾害因素，呈现出隐患险情增加、火灾数量增加、扑救难度增加、火灾损失增加的趋势。特别需要注意的是特大火灾和群死群伤火灾的增加，成为我国特别是一些经济发达地区出现的新问题，2015 年 8 月 12 日天津港发生的特大火灾就是一个实例。最近 30 年全国火灾基本情况，见表 1-4。

**表 1-4 最近 30 年全国火灾基本情况表**

| 时期 | 全国火灾数量（万起） | 死亡人数（万人） | 直接经济损失（亿元） |
|---|---|---|---|
| 20 世纪 80 年代 | 37.6 | 2.36 | 32 |
| 20 世纪 90 年代 | 75.7 | 2.37 | 106 |
| 2000—2009 年 | 205.4 | 2.08 | 137 |

从表 1-4 可以看出，从 20 世纪 80 年代到新世纪头 10 年，除了死亡人数略有下降外，全国火灾的数量和直接经济损失均呈大幅度上升趋势。这种火灾发生的频率和损失的巨大，是同国民经济的迅速发展密切相关的。

从 20 世纪 90 年代开始，我国城市特大火灾和群死群伤现象多次集中出现，给人民群众生命财产造成巨大损失。

1993 年和 1994 年全国分别发生特大火灾 205 起和 264 起，分别造成 520 人和 912 人死亡，直接经济损失为 5.8 亿元和 5.9 亿元。两年中还发生多起群死群伤火灾，如 1993 年 2 月 14 日河北省唐山市东矿区林西百货大楼火灾，死亡 81 人；1993 年 11 月 19 日广东省深圳市葵涌镇致丽工艺厂火灾，死亡 84 人；1994 年 11 月 27 日辽宁省阜新市艺苑歌舞厅火灾，死亡 233 人；1994 年 12 月 8 日，新疆维吾尔自治区克拉玛依市友谊馆火灾，死亡 325 人。这形成了 20 世纪 90 年代以来群死群伤火灾的第一个峰值。

1995 年以来，特大火灾得到一定程度的遏制，但在 1997 年又出现第二个峰值,发生群死群伤火灾 19 次,造成 433 人死亡。

2000 年出现第三个峰值,当年全国共发生群死群伤火灾 9 起,死亡 501 人。2000 年 3 月 29 日,河南省焦作市小天堂录像厅发生火灾,死亡 74 人;2000 年 12 月 25 日,河南省洛阳市东都商厦火灾,导致 309 人死亡。

正是由于城市火灾隐患不断增多、火灾危害日趋加重、事故影响日益扩大,在 1999 年 8 月 21 日召开的全国城市公共消防设施建设工作会议上,中共中央政治局委员、国务委员罗干强调指出:"当前和今后一个时期城市消防工作的主要任务是,进一步统一对加强消防工作的认识,解决突出问题,加快建设步伐,使我国城市的消防安全保障功能在跨入新世纪之际有一个大的提高。"

然而,进入新世纪,我国火灾特别是城市火灾形势仍然十分严峻,火灾数量增加,火灾损失增大,群死群伤火灾事故时有发生,造成了消极的社会影响。

2002 年 6 月 16 日,北京市海淀区蓝极速网吧火灾,死亡 25 人。

2003 年 2 月 2 日,黑龙江省哈尔滨市天潭酒店火灾,死亡 33 人。

2003 年 11 月 3 日,湖南省衡阳市一幢大楼失火,在消防官兵奋力扑火时,大楼三、四单元突然坍塌,将部分消防官兵压在废墟下,虽经全力抢救,仍造成 20 名消防官兵壮烈牺牲。楼中 94 户、412 位居民由于疏散及时,无一伤亡。为吸取这一特大火灾事故教训,湖南省政府立即在全省组织开展了火灾隐患的排查整改。

2004 年 2 月 15 日一天之内,吉林省、浙江省发生两起特大火灾,共死亡 92 人。2 月 15 日 11 时 20 分左右,吉林省吉林市中百商厦发生火灾,造成 53 人死亡、71 人受伤。当天下午 14 时 15 分,浙江省海宁市黄湾镇五丰村发生火灾,造成 39 人死亡,4 人受伤;2 月 16 日,一名重伤者在医院去世,使死亡人数达到 40 人。

2005 年 6 月 10 日,广东省汕头市华南宾馆火灾,死亡 31 人。

2005年12月15日，吉林省辽源市中心医院住院楼火灾，死亡40人。

2007年10月21日，福建省莆田市飞达鞋面加工厂火灾，死亡37人。

2008年9月20日，广东省深圳市舞王俱乐部火灾，死亡44人。

2010年11月15日，上海市静安区一幢28层民宅火灾，死亡58人。

鉴于火灾事故的易发多发和损失巨大，在“十一五”结束、“十二五”开局之际，全国许多省市纷纷制定消防工作“十二五”发展规划，对本地区消防工作面临挑战和存在问题作了具体论述。

——《北京市“十二五”时期消防事业发展建设规划》指出：高风险的建筑、设施发展迅速。目前，全市高层建筑11664栋，地下空间10821万平方米，易燃易爆单位4500余家、城市铁路和地铁运营里程336千米，火灾防控任务艰巨。其次是城市供水、供电、供气、供油、供暖、道路等基础设施建设不断加快，城市运行负荷不断加大，周期性灾害频率不断增强，引发火灾事故和危险事件概率不断增大。气候、生态环境变化导致的自然灾害及非传统安全事件不断上升，应对各种灾害事件的难度不断加大，消防应急救援面临巨大压力。城市安全不确定性因素不断增长，城市结构变得更加脆弱，城市消防安全风险不断加大。

——《上海市消防“十二五”规划》指出：城市建设的消防安全“老毛病”与“新问题”并存。当前，上海既面临高层建筑、地下空间、石油化工、老式民宅等全国各地都有的消防安全“老毛病”，且因城市规模大、发展快，风险和隐患大量积聚，易集中爆发，消防工作的困难和压力更大；又面临新建筑、新材料、新能源、新技术、新项目及人口老龄化等衍生出来的“新问题”，消防安全管理和救援能力还跟不上城市发展的速度。上海外来人口以每年10%的速度递增，已占全市2300万总人口的39%，外来常住居民与户籍居民二元结构带来的消防安全问题，比城乡二元结构带来的消防安全矛盾更尖锐。

——《广东省消防工作“十二五”规划》指出：我省消防工作存在一些突出问题，一是消防法律法规体系不够完善，一些地方和单位对消防工作责任制的落实仍不到位，国民消防安全素质整体不高，消防工作社会化水平有待提升；二是各种致灾因素多，火灾隐患仍大量存在，公共消防安全管理压力大；三是消防安全投入不足，城乡之间、区域之间消防发展不平衡，公共消防基础设施和消防装备建设整体滞后于经济社会发展水平；四是消防警力不足，难以适应日益繁重的防火、灭火和综合应急救援任务需要；五是综合应急救援队伍建设的政策保障、联动机制亟待加强，器材装备、训练设施亟待改进。

2011 年 6 月 29 日，十一届全国人大常委会第二十一次会议举行第二次全体会议，国务委员、公安部部长孟建柱向常委会报告了近年来消防工作情况。在致灾因素大量增多的情况下，确保了全国消防安全形势总体平稳。2008 年至 2010 年，全国共发生火灾 39.8 万起（不含森林、草原、军队、矿井地下部分火灾），死亡 3865 人，受伤 1967 人，直接财产损失 52 亿元；与前三年比，火灾起数和死亡、受伤人数分别下降 37％、33.8％、61％，损失上升 55.5％。

孟建柱在报告中指出，当前我国消防安全基础建设不适应经济社会发展的状况没有根本改变，社会消防安全保障能力不适应社会需求的状况没有根本改变，公众消防安全意识不适应现代社会管理要求的状况没有根本改变，总体上仍处于火灾易发、多发期。主要问题包括：一是工业化、城镇化、市场化快速发展给消防安全带来新问题。如制造业、运输业、仓储业迅猛发展，集生产、储存、居住为一体的“三合一”场所大量增多，致灾因素和火灾危险源大量增多，火灾隐患整治难度大。二是公众消防安全意识亟待提升。三是公共消防设施和装备建设欠账较多。四是消防专业力量不足。五是消防管理机制不够健全，特别是大城市消防安全标准不高。

可以看出，我国及各地消防工作存在诸多困难和挑战，抓好消防工作面临巨大压力。

为全面加强我国消防工作，2011 年 12 月 30 日，国务院印发《关于加强和改进消防工作的意见》，指出：“随着我国经济社会的快速发展，致灾因素明显增多，火灾发生几率和防控难度相应增大，一些地区、部门和单位消防安全责任不落实、工作不到位，公共消防安全基础建设同经济社会发展不相适应，消防安全保障能力同人民群众的安全需求不相适应，公众消防安全意识同现代社会管理要求不相适应，消防工作形势依然严峻，总体上仍处于火灾易发、多发期。”

《意见》明确提出我国消防工作阶段发展目标。到 2015 年，消防工作与经济社会发展基本适应，消防法律法规进一步健全，社会化消防工作格局基本形成，公共消防设施和消防装备建设基本达标，覆盖城乡的灭火应急救援力量体系逐步完善，公民消防安全素质普遍增强，全社会抗御火灾能力明显提升，重特大尤其是群死群伤火灾事故得到有效遏制。

消防工作关乎千家万户的安危，关乎社会财产的安危，关乎经济社会发展大局的稳定，从古至今都是社会管理的一项重要内容，孔子就曾现场指挥救火。据《宋语》记载，孔子在担任鲁国大司寇（相当于公安部部长）时，有一次御马圈发生火灾，孔子来到火灾现场指挥救火。地方上有自愿来救火的人，孔子就向他们行礼，士一级的人作一个缉，大夫一级的人作两个缉。北宋时期，为了有效扑救火灾，就在一些城市设置“望火楼”，建立了“防隅军”或“潜火队”等专司救火的军队。

水火无情。要保障社会公众生命财产安全，就必须切实抓好防火减灾工作，否则一旦发生火灾，可能对社会造成重大损失，从以下影剧院发生的火灾所造成的人员重大伤亡就可见一斑。

——1903 年 12 月 30 日，美国芝加哥市刚建成不久的艾罗果伊斯剧院因电灯故障引起舞台幕布起火，导致602人死亡。

——1909年2月14日，墨西哥爱开布尔卡戏院发生火灾，250人死亡。

——1937年2月26日，中国吉林省安东市广济街某舞台发生火灾，500余人死亡。

——1945年，中国广州剧院失火，1670人死亡。

——1977年2月18日，中国新疆生产建设兵团61团俱乐部放电影时，因小孩玩火引发火灾，699人死亡。

——1994年12月8日，新疆克拉玛依市友谊馆演出时因舞台电灯光柱烤燃幕纱引发火灾，325人死亡，130人受伤。

——2013年1月27日，巴西圣玛丽市一家夜总会在进行烟花表演时引发火灾，236人死亡。

以上火灾事故造成大量人员伤亡，而造成社会财产损失的火灾就更多了。

——1987年5月6日至6月2日，黑龙江省大兴安岭发生特大火灾，这是新中国成立以来最严重的一次火灾。这次火灾过火面积133万公顷，损失巨大，死亡193人，烧伤226人，大火直接经济损失4.5亿元，间接损失80多亿元。

——1997年6月27日，北京东方化工厂储罐区发生火灾爆炸事故，导致9人死亡，39人受伤，直接经济损失1.17亿元。

——2013年6月3日，吉林省德惠市宝源丰禽业有限公司发生特别重大火灾爆炸事故，造成121人死亡，76人受伤，1.7万平方米主厂房被损毁，直接经济损失1.82亿元。

无论是人员伤亡还是财产损失，都是人类共同的伤痛，都是社会共同的悲哀，需要全社会共同努力，消除火灾隐患，减少事故损失。

火灾发生数量、损失严重程度，同经济社会发展状况有着内在联系。随着国民经济持续健康发展，我国已经进入火灾高危期。从表1-5中可以看出我国近10年以来的火灾状况。

表 1-5 我国 2000—2011 年火灾状况

| 年度 | 发生火灾(万起) | 死亡(人) | 受伤(人) | 直接经济损失(亿元) |
|---|---|---|---|---|
| 2000 | 18.9 | 3021 | 4404 | 15.2 |
| 2001 | 21.5 | 2314 | 3752 | 13.9 |
| 2002 | 25.8 | 2393 | 3414 | 15.4 |
| 2003 | 25.4 | 2497 | 3098 | 15.9 |
| 2004 | 25.2 | 2558 | 2969 | 16.7 |
| 2005 | 23.5 | 2500 | 2508 | 13.7 |
| 2006 | 23.1 | 1720 | 1565 | 8.6 |
| 2007 | 15.9 | 1418 | 863 | 9.9 |
| 2008 | 13.7 | 1521 | 743 | 18.2 |
| 2009 | 12.7 | 1076 | 580 | 13.2 |
| 2010 | 13.2 | 1108 | 573 | 17.7 |
| 2011 | 12.5 | 1106 | 572 | 18.8 |

从上表可以看出，进入新世纪十余年来，我国每年发生火灾、死亡人数及受伤人数均明显下降，但经济损失却在上升，这是工业化、城镇化加快发展进程中的一个必然现象。由于科技进步的推动，生产技术日益复杂，生产及生活中的能源多样化，使用量也急剧增长；建筑方面，由于新材料、新产品广泛应用，导致火灾发生的因素大幅度增加；随着人们生活水平的提高，现代家庭用电、用气、用火量增加，家庭火灾发生的频率越来越高，再加上广大社会公众消防安全意识和能力的欠缺，导致火灾威胁日趋严重。

纵观西方发达国家各个经济发展时期火灾形势发展状况，可以总结出以下规律：在经济发展初期，火灾规模小，起数少；在经济腾飞期，经济结构快速转型，火灾规模大，频率高；在经济平稳发展期，随着科技进步、全民消防意识的提高，以及消防工作的加强，火灾数量逐年下降。

当前我国正处于工业化、城镇化快速发展进程中，各种导致火灾的隐患还在增加，公众消防意识亟待提高，公共消防设施和装备建设欠账较多，一些城市消防安全标准不高，社会消防安全管理滞后，所有这些都给我国消防工作带来巨大压力。要全面提升全社会消防保障能力，尽快走出火灾事故高危期，还需付出艰苦努力。

改革开放以来的30多年间，我国坚持以经济建设为中心，大力发展生产力，取得了举世瞩目的巨大成就。与此同时，我国在发展中的制约瓶颈也日益明显，经济社会发展与人口、资源、环境的矛盾越来越突出，已经成为阻碍社会前进的因素。要有效化解这些矛盾，抓好安全生产工作是一条必由之路。只有抓好安全生产，才能保障广大人民群众的生命安全，才能更好地节约能源资源，才能有效地保护生态环境，建设资源节约型、环境友好型社会，实现全面、协调、可持续发展。

安全事故易发、多发，这是工业化进程中不可避免的一个社会历史现象，我国又处于工业化、城镇化加快发展进程中，发达国家上百年工业化进程中分阶段出现的安全生产问题，在我国已经集中出现。《上海市消防"十二五"规划》指出："上海改革开放大变样的30多年跨越了国外发达城市几百年的现代化历程，由此集聚了大量风险和隐患。"实际上，这一状况不只在上海一个地方出现，在全国许多地方都是如此；而且集聚的风险和隐患也不局限于消防，而是涉及生产、生活等诸多方面，这就使我国经济社会发展承受更大压力，经受更多考验。

在社会主义初级阶段，只有集中力量发展生产力，才能摆脱社会生产力落后的状况，不断满足人民日益增长的物质文化需要，并为解决其他社会矛盾创造有利条件。改革开放30多年来，我国坚持以经济建设为中心，工业化、信息化、城镇化、市场化、国际化深入发展，已经成为中国经济发展的显著特征，并已取得明显成效。今后，在我国经济从高速增长转变为中高速增长的情况下，推动经济更有效率、更加公平、更可持续发展，确保安全生产必不可少。当前，我国正处于

生产事故高峰期、交通事故高发期、火灾事故高危期“三期”叠加的特殊历史时期，要实现安全生产和安全发展殊为不易。只有全社会首先清楚地认识到这一现状、这一形势，准确地把握影响安全发展的诸多困难和挑战，才能制定出具有针对性和实效性的措施，才能为实现安全生产凝聚更强大的合力，才能为我国经济社会科学发展创造良好的安全环境。

# 第二章　安全“三力”——安全生产功能论

安全生产在我国经济社会发展中具有极端重要的作用和地位。抓好安全生产工作，是坚持“立党为公、执政为民”的必然要求，是贯彻落实科学发展观的必然要求，是实现好、维护好、发展好最广大人民群众根本利益的必然要求，是构建社会主义和谐社会的必然要求，也是遵循社会发展规律、维护社会文明进步的必然要求。只有切实抓好安全生产，才有经济社会的持续发展，才有社会文明的不断进步，才有人民群众的幸福安康。

之所以说安全生产工作在我国经济社会发展中具有极端重要性，就在于它所具有的特有功能和作用。那么，安全生产具有什么功能和作用？简要地说，就是“三力”——安全是生命力，安全是生产力，安全是生存力。

首先，安全是生命力。我国古人早就说过：“天生万物，惟人最贵。”也就是说，世间万事万物中只有人是最宝贵的。在人所处的各种环境中，工作环境是风险最大、最危险的，只有抓好安全生产工作，才能确保劳动者和其他人员的生命安全，所以安全就是人的生命，就是生命力。同时，在如今全社会对安全生产越来越重视的情况下，安全生产工作的好坏还影响着领导干部的政治生命。在领导干部所管理的范围内如果发生安全事故，就必须为此负责，严重的还将承担法律责任。安全还是工厂企业的生命。马克思明确指出：**“一个社会不能停止消费，同样，它也不能停止生产。”**可见生产对人类社会的重要性。为了保障生产的正常进行，就离不开安全，因为安全与生产是一种同生共存的关系。没有安全，机器设备无法保全，生产劳动无法进行，甚至工厂企业也无法存在。

其次，安全就是生产力。没有安全，劳动者的生命安全和身体健康得不到保障，人这一生产力中最活跃的因素将不能存在；没有安全，劳动资料这一生产劳动过程必不可少的手段将不能存在；没有安全，劳动对象这一生产劳动当中加工制作的对象将不能存在；没有安全，分工协作无法进行，管理无法开展，生产运行被迫中断。只有保证安全，生产力的各个要素才能完好无缺，才能正常发挥作用；如果没有安全，生产力的所有构成要素都将不复存在，更谈不上促进生产力的发展。正是从这个意义出发，我们说，安全就是生产力，而且科学技术越发达、现代化水平越高，安全作为生产力所发挥的作用就越明显、越重要。

第三，安全是生存力。企业发生安全事故，将会造成重大经济损失，同时也会损害自身形象和声誉，必然会削弱企业的市场竞争力，损害企业的社会生存力，影响企业的发展。对于个人而言，也是如此。面对当今竞争时代和风险社会，一个人要拥有幸福成功的人生，要不断提高自己的生命质量和生活质量，也必须具备相应的安全素养，平时多掌握一些安全知识，人生道路上就会多一份安全保障，多一份平安幸福。

正反两方面的无数事例早已证明，安全是生命力、安全是生产力、安全是生存力，这足以说明安全生产在经济社会发展中的巨大作用；而安全事故对经济社会发展所造成的损失，更是从一个侧面反映出安全生产的极端重要性——根据联合国统计，世界各国平均每年支出的事故费用，约占国民生产总值的6%；国际劳工组织估计，全世界每年死于与工作相关事故和职业病的工人数目超过200万人。因此，无论是从经济社会发展的角度出发还是从个人成长进步的角度出发，都必须高度重视安全生产，切实抓好安全生产。

安全生产具有长期性、艰巨性、复杂性、反复性等特性，要抓好安全生产工作，就必须清楚安全生产的功能和作用，只有这样才能使有关各方特别是工厂企业全面、深刻地理解安全生产的重要作用和重大影响，对安全生产工作给予高度重视和全面投入，从而在安全生产工作中掌握主动。

## 第一节　安全是生命力

自从人类诞生以来，安全就同生命紧密相连。可以说，安全是人类生存与发展最基本的要求，是人的生命与健康最基本的保障；只有保证安全，人才会有生命，才能进行各种生产和生存活动。如果没有安全，人就会失去健康乃至生命，人类也将不复存在。因此，安全是人生存的必要条件，也是人类存在和发展的必要条件。从这个意义出发，安全就是生命，就是生命力。正如马克思和恩格斯所说：**“任何人类历史的第一个前提无疑是有生命的个人的存在。”**（《马克思恩格斯选集》，第1卷，人民出版社，1972年版，第24页）

人类要生存和发展，离不开两个最基本的需求，一是生产，二是安全。

生产活动是人类第一个历史活动，没有生产，人类就不能存在，更谈不上发展。马克思和恩格斯明确指出：**“我们首先应当确定一切人类生存的第一个前提也就是一切历史的第一个前提，这个前提就是：人们为了能够‘创造历史’，必须能够生活。但是为了生活，首先就需要衣、食、住以及其他东西。因此第一个历史活动就是生产满足这些需要的资料，即生产物质生活本身。”**（《马克思恩格斯选集》，第1卷，人民出版社，1972年版，第32页）

进行生产是人类第一个最基本的需求，保障安全则是人类第二个最基本的需求，但恰恰在这一点上，无论是在认识上还是在实践上都大大地滞后了。由于长期以来对安全的认识和重视不够，导致了这样一种局面：在社会生产不断发展、物质财富持续增加的同时，生产安全事故也在增多，事故损失和影响也在增大。正如联合国秘书长科菲·安南1997年所指出的：“1948年，联合国全体会议通过的《全球人权宣言》确认，所有人享有公正和良好的工作条件的权利。令人遗憾的是，全世界仍有数亿人在人的尊严和价值被漠视的条件下工作。据估计，全世界每年发生2.5亿起事故，其中工伤事故死亡33万人，交通事故死亡约70万人。另外，有1.6亿工人罹患本可避免的各种职业病，近30万人死于职业病。而为数更多的工人，其身心健康和福利状况受到种种威胁。”

安全就是生命力。随着人类文明的发展进步，关爱生命不仅是社会进步的重要标志，并已成为世界各国的普遍行动，联合国、国际劳工组织、世界卫生组织等国际组织对安全高度关注，先后组织开展了相关活动。

1989年，世界卫生组织在瑞典举行的第一届世界事故和伤害预防会议上，正式提出“安全社区”的概念，来自50多个国家的500多名代表通过了《安全社区宣言》，明确指出：“任何人都享有健康和安全的权利。”并确定，这一原则是世界卫生组织推进全人类健康和全球预防意外及伤害控制计划的基本原则。1991年6月，世界卫生组织安全社区促进中心在瑞典举行了第一届国际安全社区大会，重点讨论了社区参与事故控制及意外伤害预防的重要性。

1996年，国际自由贸易联盟发起了世界职业安全卫生日活动，以纪念由于工作而受伤或死亡的工人。2001年4月，国际劳工组织决定，将4月28日作为职业安全卫生国际纪念日，并关注和支持世界各国在这一天开展相关纪念活动。当年4月28日，全球有100多个国家开展了纪念活动。同时，国际劳工组织还响应国际自由贸易联盟的号召，将4月28日定为联合国官方纪念日。

世界卫生组织将2004年4月7日的世界卫生日命名为“道路安全日”，主题是“道路安全，防患未然”。2007年4月23日至29日，联合国举行了第一届“全球道路安全周”活动。2010 年 3 月，联合国大会通过决议，将 2011 年至 2020 年确立为“道路安全行动十年”，呼吁各成员国在“道路安全管理、增强道路和机动安全、增强车辆安全、增强道路使用者安全、交通事故后应对”五个方面开展工作，以减少道路交通伤害的死亡和残疾人数。

可见，重视和关爱人的生命，早已成为人类共识，成为一种世界潮流。其道理十分明显，大力发展社会生产力、推动经济社会全面发展，根本目的还是为人的发展服务；而要实现人的发展，保证人的安全健康又首当其冲，是最根本的前提，所以安全就是生命，安全就是生命力，在社会生产活动中具有极端重要性。

安全是生命力，具有多重含义。说安全就是生命、就是生命力，并不仅仅从人的自然生命的角度出发，同时也是从领导干部的政治生命、政治前途的角度出发；而且也不仅仅从人的角度出发，同时也是从行业及企业生存发展的角度出发。只有将安全放在重于一切、高于一切、先于一切、胜于一切的位置，才能人人、时时、处处、事事自觉做到安全第一，全面推进安全文明建设，实现安全生产、平安生活。

## 一、安全就是人的生命

什么是人类社会之本、什么是世间最宝贵的东西？古今中外不同的人都有不同的观点和论述，而以人为本则是其中不可忽视的一种重要观点。

春秋时期的思想家、政治家管仲指出：“夫霸王之所始也，以人为本，本理则国固，本乱则国危。”

东汉末年的思想家、政治家王符在所著《潜夫论》一书中指出：“天地之所贵者，人也。”

晋朝陆云指出：“天生万物，惟人为贵。”

唐太宗李世民指出：“凡事皆须务本，国以人为本。”

在西方，人本思想最早可以追溯到古希腊时期。智者派的代表人物普罗泰戈拉（约公元前 481—公元前 411 年）就提出“人是万物的尺度”。

欧洲文艺复兴时期的人文主义明确认为人是人类社会之本。意大利的但丁、佩脱拉克、薄伽丘是人文主义的主要代表人物，他们强烈反对宗教蒙昧主义，批判一切神本观念，认为人才是世界的主宰，是万物之本。

马克思主义明确坚持人是人类社会之本的观点。恩格斯指出：**“有了人，我们就开始有了历史。”**（《马克思恩格斯选集》，第 3 卷，人民出版社，1972 年版，第 457 页）马克思指出：**“历史不过是追求自己目的的人的活动而已。”**（《马克思恩格斯全集》，第 2 卷，人民出版社，1957 年版，第 119 页）如果没有人，没有人的活动，就没有历史，就没有人类社会。

人是天地之间万事万物中最为宝贵的，为了确保人的生命安全，抓好安全生产，防止事故发生，就成为坚持以人为本、推进安全文明建设题中应有之义了。

如果对安全对于人、对于整个人类社会的极端重要性还存在一些模糊认识，不妨换一个角度，从事故的角度来观察，就会看得更加清晰，就能使我们所采取的对策措施更加扎实有效。正如恩格斯所指出的：**“一个聪明的民族，从灾难和错误中学到的东西比平时要多得多。”**

提到海难，许多人首先会想到 1912 年 4 月 15 日“泰坦尼克号”客轮沉没、导致 1513 人不幸遇难的事故。而实际上，1945 年 1 月 30 日，德国“威廉·古斯特洛夫号”运输船被苏联潜艇击沉，9343 人不幸遇难，这是人类历史上最惨烈的大海难。

1945 年 1 月 30 日，核定载客量 1865 人的“威廉·古斯特洛夫号”搭载包括德国海军官兵及难民等在内的 10582 人，从东普鲁士的哥德哈芬港（今波兰格但斯克港）启航，通过波罗的海驶往德国。当晚 21 时，一艘苏联潜艇向“威廉·古斯特洛夫号”发射 4 枚鱼雷，有

3 枚击中,“威廉·古斯特洛夫号”在 50 分钟后完全没入海水,船上万余名乘员有 1239 人获救脱险,9343 人遇难,其中大多是老弱妇孺。

“威廉·古斯特洛夫号”运输船被击沉发生在战争时期,而和平时期发生的最大海难事故则是 1987 年 12 月 20 日,菲律宾附近海域“多纳·帕斯号”渡轮同“维克托号”油轮相撞,导致 4388 人不幸遇难。当时“多纳·帕斯号”渡轮搭载乘客 5000 人左右,远远超过核定载客量 1518 人,当晚同另一艘载有 8000 多桶石油的“维克托号”油轮相撞,引发爆炸,“维克托号”油轮上的原油泄漏在海面并燃起大火,导致几千名乘客难以逃生,渡轮上的 4375 人和油轮上的 13 名海员遇难,酿成国际海运史上和平时期的最大海难。事故发生后,菲律宾总统发表声明,称这次事故是一次“民族的悲剧”。

1984 年 12 月 2 日子夜,位于印度博帕尔市郊的美国联合碳化物公司印度公司的农药厂,一个储存 45 吨剧毒液体——异氰酸甲酯(MIC)的储罐压力急剧上升,3 日凌晨异氰酸甲酯以气态从出现漏缝的阀门中溢出,并迅速向四周扩散。这次事故引发了十分严重的后果,造成 2.5 万人直接死亡,55 万人间接死亡,还有 20 多万人永久残疾,成为人类历史上最严重的工业化学事故。

仅从以上几个事故案例当中,我们就可以清楚地看到安全事故对人的生命安全和身体健康所造成的巨大伤害,对整个人类带来的巨大灾难和痛苦;而且,这种灾难和痛苦还有很大的延续性,1984 年 12 月发生的印度博帕尔农药厂毒气泄漏事故,在 20 多年后仍未消除社会影响。

人的生命是很脆弱的,特别是在各种事故当中,面对金属机器的碾压,面对有毒有害物质的侵袭,人的血肉之躯根本无法抵抗。发生生产安全事故,无论人员伤亡多少、经济损失大小,都是全人类共同的伤痛。

## 二、安全就是企业的生命

安全是企业的生命，没有安全生产就没有企业的发展壮大，就没有企业的生存。因此，必须坚持安全第一，如今这已经成为一个常识。然而，在100多年前，“安全第一”的口号刚提出来时，对它的认识并不一致。

最先提出“安全第一”的是美国人。1906年，美国U. S.钢铁公司生产事故频发，亏损严重，濒临破产。公司董事长凯理在多方查找原因的过程中，对传统的生产经营方针“产量第一、质量第二、安全第三”产生质疑。经过全面计算事故造成的直接和间接经济损失，凯理得出了结论：是事故拖垮了企业。凯理力排众议，不顾股东的反对，将公司的生产经营方针进行了调整，变成了“安全第一、质量第二、产量第三”。凯理首先在下属制钢厂试点，以为成本会大大增加，打算不惜投入抓安全，没想到事故减少后，质量提高了，产量上去了，成本反而下来了，随之全面推广。“安全第一”取得奇效，U. S.钢铁公司由此走出了困境。这一方针诞生后，迅速得到全球企业界的认可。德国、法国、意大利、苏联等国在二战前后，都开始提倡“安全第一”。

“安全第一”的口号自从1906年诞生以来，就得到世界各国的普遍赞同，并成为企业生产经营的基本原则和规范，因为它简明而又深刻地说出了经济建设和企业生产经营活动的根本规律，一旦违反这个规律，就必然受到惩罚，尤其是高危行业和企业这一点更为突出，煤炭行业就是一个明显例证。

如果用一句话来概括我国煤炭行业安全生产状况，就是重中之重、难中之难、危中之危、痛中之痛。

重中之重——全国各行各业安全都是其重要工作，而对煤炭行业而言，安全生产则是其重中之重的工作。

难中之难——全国各行各业抓好安全生产都是一项难度很大的工作，而对煤炭行业而言抓好安全生产尤其困难。

危中之危——全国各行各业都具有其危险性、风险性，而对煤炭行业而言其危险性更大，风险性更强。

痛中之痛——无论哪个行业、哪个企业、哪个地方发生安全事故，都令人痛心；而对煤炭行业而言，一旦发生安全事故就可能造成群死群伤，而且重大、特大事故的比例远高于其他行业，尤其令人痛心。

多年来，煤炭采掘业危险性大，一直是伤亡事故的多发区，煤矿事故每年发生起数占全国工矿商贸企业事故总量的1/4至1/5，死亡人数占全国工矿商贸企业事故死亡人数的1/2至1/4，自“十一五”以来才得到持续下降。

我国煤炭行业安全生产形势如此严峻，是有着深刻的历史原因及客观因素的。总体上看，我国煤炭工业走的基本上是一条低层次发展道路，存在结构不合理、增长方式粗放、安全事故多发、资源浪费严重、环境治理滞后等诸多问题，安全生产则是其中难度最大、社会影响最大的一个问题。

由于历史原因，我国煤矿安全投入不足，安全装备水平低。国家安全生产监督管理总局在2005年测算，国有煤矿安全投入欠账达505亿元，生产设备超期服役、应当淘汰更新的达1/3。而为数众多的小煤矿更是先天不足，在建设初期就投入太少，设施设备简陋，开采方式原始落后，远远不能满足安全生产的需要。总体上看，中国煤矿安全装备比较落后，可靠性差，不能有效地预防和控制事故。2004年全国生产的19.6亿吨煤中，7.6亿吨产量缺乏安全保障能力，其中2亿吨产量根本不具备安全生产条件，真是令人触目惊心。

从自然因素上看，我国煤矿绝大多数是井工矿井，地质条件复杂，瓦斯、水灾、自燃发火危害、地压等灾害类型多，分布面广，在世界各主要产煤国家中开采条件最差，灾害最严重。可以说，我国煤层自然赋存条件复杂多变，影响煤矿安全生产的因素多，这是造成事故的客观因素。

1998年11月11日，全国煤炭行业关井压产工作会议在北京召开。宣布从当时起到1999年底，关闭非法和布局不合理的各类小煤矿2.58万处，压减产量2.5亿吨左右。

1998年12月5日，国务院印发《关于关闭非法和布局不合理煤矿有关问题的通知》，对关闭非法和布局不合理煤矿、压减煤炭产量工作进行了具体安排。为贯彻落实这次会议及国务院文件精神，各产煤省分别下发文件，确定了关井压产工作的具体任务。从此，我国开始了有计划、有步骤的大规模关闭整顿小煤矿工作。

正是由于煤矿行业风险隐患多、危险程度大、生产事故多发，国家对煤矿安全生产特别关注，对不具备安全生产条件的小煤矿进行严厉整顿和关闭。经过持续不懈的努力，我国小煤矿从1998年的8万多处减少到2005年的23388处，到2010年实现了全国小煤矿控制在1万处以下的规划目标。

安全就是企业的生命，不安全的企业无法生存，从我国煤炭工业发展历程就可以清晰地看出来。小煤矿从高峰期1998年的8万多处，降至2010年不到1万处，将全国7万多处不符合安全生产条件的小煤矿要么关闭，要么整合，可以说安全决定了小煤矿的命运。

安全就是企业的生命，在煤矿、非煤矿山这类高危行业体现得最明显、最直接，其他如危险化学品、烟花爆竹等行业同样如此。2006年11月23日，国家安全生产监督管理总局副局长孙华山在全国危险化学品和烟花爆竹安全生产监管工作座谈会上指出：“全国有21944家危险化学品生产企业，6076家烟花爆竹生产企业取得安全生产许可证，205541家危险化学品经营单位取得危险化学品经营许可证。19家中央企业总部也取得了危险化学品生产企业安全生产许可证。通过实施许可制度，整改并消除了一大批安全隐患，企业本质安全水平有所提高。重点领域专项整治初见成效。依法关闭了1693家危险化学品生产企业、5126家危险化学品经营单位、969家烟花爆竹生产企业，2532家危险化学品生产企业被确认为不予颁发许可证并提请地方政府批准予以关闭。”

无论什么企业，不具备安全生产经营条件，就会被关闭，就不能存在，这本是一个基本常识，无论是否属于高危行业的企业都是如此。企业由于安全生产工作没有抓好，发生安全事故，造成重大人员伤亡和财产损失，最终无法在激烈的市场竞争中生存，这样的案例也屡见不鲜。因此，安全是企业生存发展的先决条件，是企业的生命之源，没有这一条就没有企业的生命，其他什么都谈不上。

## 三、安全就是干部的政治生命

保护劳动者和广大人民群众的生命财产安全，是我国的一项基本政策，也是各级领导干部的一项重要职责。为促使各级领导干部高度重视并切实抓好安全生产工作，中央领导同志多次明确指出，不重视安全工作、抓不好安全工作、不能保一方平安的领导是不称职的领导，由于玩忽职守甚至违章指挥导致事故的，更要追究其法律责任。

1986 年 12 月 23 日，江泽民同志在上海市安全生产工作会议上指出：“作为一个厂长、经理，根据安全生产责任制的要求，应对全厂工作负总的责任。对于这一点，我认为不能是讲讲而已，今后一定要根据中央和国务院的有关规定执行，出了事故，要查找领导责任，该处分的要处分，严重的负有刑事责任的，要依法处理，决不允许将工人的生命安全置于不顾的现象再存在下去。”

1988 年 11 月 30 日，国务委员、全国安全生产委员会主任邹家华指出：“今后要把安全管理的好坏作为考核企业领导的一个重要指标，一个企业或者单位的主要领导要对本企业、本单位的安全生产负主要责任。只管生产，只知道完成生产任务，单纯去追求生产速度，而不加强安全的领导，是不合格的领导。要强调管生产必须管安全，安全生产只能加强、不能削弱。”

1994 年 12 月 24 日，江泽民同志在全国政法工作会议部分同志座谈会上指出:“不能保一方平安的领导,是不称职的领导,各级政府和公安机关还要把预防发生特大火灾等严重治安和灾害事故作为自己的重要工作。要经常进行认真负责的安全检查,发现违反规定的就要重处、重罚,直至给予直接责任人和主要领导以党纪、政纪或刑事处分,这是对人民负责,决不能含糊。”

1996年12月26日,中共中央政治局委员、国务院副总理吴邦国在全国安全生产工作电视电话会议上指出:“安全生产形势的好坏,是检验各级领导干部称职与否的重要标准之一,一个地区和部门经常发生事故,甚至发生重大、特大事故,那么这个地区和部门的领导就负有不可推卸的责任,不能保一方平安的领导,不是一个称职的领导。今后凡是发生重大、特大事故,一定要依照国家法律和有关规定,分清责任,严肃处理。”

2000年7月12日,吴邦国在全国安全生产工作电视电话会议上指出:“对发生重大、特大事故的地区、部门、单位,不仅要追究事故直接责任者的责任,还要追究领导者和管理者的责任,该处分的处分,该撤职的撤职,该法办的法办,绝不姑息迁就。同时,要尽快建立健全重大、特大事故责任追究制度,把安全生产业绩与干部考核结合起来,形成有效的安全生产制约机制。”

2001年4月3日,中共中央政治局常委、国务院总理朱镕基在全国社会治安工作会议上指出:“要有效防范安全事故的发生,关键是要真正落实领导干部的责任制。而要使领导干部的责任制落到实处,就必须健全和完善法制,通过法制手段,严格落实领导干部行政责任追究制度。今后,对任何地方发生特大安全事故,都要严格按国务院制定的《关于特大安全事故行政责任追究的规定》执行。只有这样,才能从制度、机制上防范安全事故的发生,有力地保护人民群众生命财产安全和维护社会稳定。”

发生生产安全事故,无论是事故的直接责任者,还是负有领导责任的人员,都要受到党纪政纪和国家法律的惩处,都会影响干部的政治生命。

1987 年 5 月 6 日至 6 月 2 日，林业部直属的大兴安岭森工企业发生特大森林火灾，给国家和人民的生命财产造成了重大损失，是新中国成立以来最严重的火灾。6 月 6 日通过的《国务院关于大兴安岭特大森林火灾事故的处理决定》，决定撤销林业部部长杨钟的职务。

1988 年 1 月 24 日，从云南省昆明市开往上海市的一次特快列车发生颠覆事故，88 人死亡，铁道部部长丁关根引咎辞职。

2005 年 2 月 14 日，辽宁省阜新矿业（集团）有限责任公司孙家湾煤矿发生特别重大瓦斯爆炸事故，造成 214 人死亡，30 人受伤，直接经济损失 4968 万元。5 月 11 日，国务院责成辽宁省人民政府向国务院作出书面检查，对负有领导责任的辽宁省人民政府副省长刘国强给予行政记大过处分。

2010 年 11 月 15 日，上海市静安区胶州路公寓大楼发生特别重大火灾事故，导致 58 人死亡，71 人受伤，直接经济损失 1.58 亿元。国务院事故调查组经过调查，上报《国家安全生产监督管理总局关于上海市静安区胶州路公寓大楼“11·15”特别重大火灾事故调查处理意见的请示》；根据国务院批复的意见，对 54 名事故责任人作出严肃处理，其中 26 名责任人被移送司法机关依法追究刑事责任，28 名责任人受到党纪、政纪处分。

2013 年 6 月 3 日，吉林省长春市德惠市宝源丰禽业有限公司发生特别重大火灾爆炸事故，造成 121 人死亡、76 人受伤，直接经济损失 1.82 亿元。国务院成立了事故调查组，查明了事故发生情况，认定了事故性质和责任。国务院决定对吉林省人民政府予以通报批评，并责成吉林省人民政府向国务院作出深刻检查；给予吉林省副省长兼公安厅厅长黄关春记大过处分，长春市市委副书记、市长姜治莹记大过处分，对其他责任人也给予相应处理。

安全生产工作是“人命关天”的大事，是“责任重于泰山”的要事，也是不容易搞好的难事。正因为是大事、要事和难事，就对各级领导干部提出了更高的要求，无论是地方党政领导干部，还是企事业单位领导干部，都应当守土有责，为官一任，造福一方。正如江泽民同志所说“不能保一方平安的领导，不是称职的领导”。只有将安全生产状况同领导干部的提拔任用联系在一起，同领导干部的政治前途联系在一起，各级领导干部才会真正负起责来，才不会漠视和放松安全生产工作，才能使安全生产工作的开展得到必要的人力、物力、财力以及政策等各方面的支持和保障。

人类要生存和发展，就不能停止消费，因而也就不能停止生产。运用现代化的机器进行生产，一定会伴有各种风险和隐患。要使生产劳动能够正常进行，要使社会财富能够持续增加，要使广大劳动者拥有安全健康，就必须切实抓好安全生产工作，确保不发生事故。抓好安全生产，保障劳动者和广大人民群众的生命安全和身体健康，同时也就是保障干部的政治生命，就是保障企业的生命。

## 第二节 安全是生产力

人类社会的历史，就是一部生产力发展的历史。

工业革命以来，在科技进步的推动下，机器不断发展完善，代替了手工劳动工具，成为人类生产劳动的主要工具，大大提高了社会生产力，这是人类社会进步的一个重要里程碑。通过工业革命和建立机器大工业，使资本主义的生产力有了飞跃发展，正如马克思和恩格斯在《共产党宣言》中所指出的：**“资产阶级在它的不到一百年的阶级统治中所创造的生产力，比过去一切世代创造的全部生产力还要多，还要大。自然力的征服，机器的采用，化学在工业和农业中的应用，轮船的行驶，铁路的通行，电报的使用，整个大陆的开垦，河川的通航，仿佛用法术从地下呼唤出来的大量人口——过去哪一个世纪能够料想到有这样的生产力潜伏在社会劳动里呢？”**（《马克思恩格斯选

集》,第1卷,人民出版社,1972年版,第256页)

正是社会生产力的空前提高,才使得如今人们同几百年、几千年前人们的劳动相比,劳动强度大大降低,劳动效率大大提升,生产节奏大大加快,劳动产品大大丰富,人类社会文明程度大大进步,但是离开生产力的发展和提高,所有这一切都不可能,这就是生产力对人类社会发展进步所起的巨大作用。

然而,离开了安全,生产力将不存在,而且越是现代化社会、越是高科技发展、越是自动化生产,这一点就越明显。

不同的时代,生产力的构成要素不尽相同,现代生产力的构成要素包括劳动者、劳动资料、劳动对象、科学技术、管理等,它们同安全都有着直接的联系,是一种同生共有的关系。换句话说,如果没有安全,这些要素就不能正常发挥作用,甚至其自身也不能存在。

没有安全——劳动者的身体健康和生命安全得不到保障,人这一生产力中最活跃的因素将不能生存。

没有安全——劳动资料这一生产劳动过程必不可少的中介和手段将不能存在。

没有安全——劳动对象这一生产劳动当中加工制作的对象将不能存在。

没有安全——协作无法进行,管理无法开展,生产运行将被迫中断。

只有保证安全,生产力的各个要素才能完好无缺,才能正常发挥作用;如果没有安全,生产力的所有构成要素都将不存在,更谈不上促进生产力的发展。正是从这个意义出发,总结出安全就是生产力。

## 一、安全保障劳动者的生命安全

谋事在人,成事也在人。

人的作用是多方面的,主要方面表现在生产劳动和创造财富上;人的作用是巨大的,最大的方面是人作为生产劳动的主体,是生产力中最活跃的因素，是首要的生产力，对于生产力的形成和发展具有决定性的作用。说安全就是生产力，首先体现在只有抓好安全生产，才能保障劳动者的生命安全。

马克思指出：**“在一切生产工具中，最强大的一种生产力是革命阶级本身。”**（《马克思恩格斯选集》，第1卷，人民出版社，1972年版，第160页）

列宁指出：**“全人类的首要的生产力就是工人，劳动者。”**（《列宁选集》，第3卷，人民出版社，第843页）

邓小平同志明确指出：**“人是生产力中最活跃的因素。”**（《邓小平文选》，第2卷，人民出版社，1994年版，第88页）

劳动者是首要的生产力，是生产力中最活跃的因素，对生产力具有决定性的作用。我国是社会主义国家，我们的安全生产是为了保护社会生产力，而首要的就是保护劳动者的生命安全和身体健康。正如2006年3月27日，胡锦涛同志在中共中央政治局第30次集体学习时所指出的，人的生命是最宝贵的，我国是社会主义国家，我们的发展不能以牺牲精神文明为代价，不能以牺牲生态环境为代价，更不能以牺牲人的生命为代价。

由于管理严格，措施得力，“六五”和“七五”时期（1981年至1990年）我国安全生产工作保持稳定，是我国安全生产形势较好的一个时期。

“八五”和“九五”时期（1991年至2000年），随着计划经济体制向社会主义市场经济体制转变，对全国安全生产状况产生了很大影响。一方面，长期形成的适应于计划经济的安全生产工作体制和管理方法无法适应新的形势，包括政府机构改革后，行业管理不复存在，多数企业没有上级主管部委的管理和监督，安全管理被弱化、淡化。另一方面，随着社会主义市场经济体制的不断发展，形成了多种所有制并存的局面，除了国有企业以外，还有跨国、合资、民营企业以及乡镇企业、家庭作坊。为了追求经济效益最大化，许多企业想方设法降低生产成本，减少安全生产方面的投入也成为一些企业经营管理者采取的一个措施。这两个方面的原因，导致全国安全生产基础薄弱，安全生产事故持续上升，职业危害不断扩大，形势日益严峻。

1991 年，全国安全生产事故导致 72618 人死亡，之后持续上升，1995 年达到 103543 人，首次突破 10 万人。从 1996 年到 2000 年，每年死亡人数基本保持在 10 万余人，2000 年达到 118198 人。

进入新世纪，随着我国国民经济的持续快速发展给安全生产工作带来巨大压力，国家对安全生产的管理更加严格，不断推出相关法律和专门规定。2002 年 11 月 1 日起施行《中华人民共和国安全生产法》，2004 年 5 月 1 日起施行《中华人民共和国道路交通安全法》，依法加强安全管理。2004 年 1 月 9 日，国务院印发《关于进一步加强安全生产工作的决定》；2010 年 7 月 19 日，国务院印发《关于进一步加强企业安全生产工作的通知》，对安全生产作出具体部署。

与此同时，我国安全生产基础薄弱的状况没有大的改变，长期积累的历史性深层次问题没有根本解决，我国安全生产形势依然严峻。

随着我国经济高速发展，中国成为世界制造业大国，社会生产规模急剧扩大，生产经营活动大幅增加，安全风险随之增加；同时第一产业劳动力大量向第二、第三产业转移，而安全技术培训又相对滞后；经济增长方式粗放，工厂矿山超能力、超强度、超定员生产，交通运输超载、超限、超负荷运输现象比较普遍，所有这些都导致我国安全事故多发，人员伤亡和社会财富损失都很大。2004 年 10 月到 2005 年 12 月，在 14 个月时间里相继发生了 6 起涉难百人以上的煤矿事故，在社会上造成恶劣影响。

2001 年，全国生产安全事故死亡 130491 人，2002 年为 138965 人，为历年最高。此后我国每年发生事故起数和死亡人数持续下降，2005 年死亡 127089 人，2008 年为 91172 人，降到 10 万人以下；2010 年死亡 79552 人，2014 年为 68061 人。

抓好安全生产工作，确保劳动者的生命安全，就是保护和发展生产力。在劳动者、劳动资料、劳动对象三者中,劳动者无疑是最根本、最重要的。要使劳动者能够正常地生产劳动,安全是必不可少的,只有保证安全生产,劳动者才能完好无损、周而复始地进行工作,才能持续产出各种产品,创造社会价值。

## 二、安全保障劳动资料的完备和正常

人类社会的发展历史,既是一部生产力的发展史,同时也是一部生产资料的发展史、变革史。如果没有生产资料特别是机器的发明和不断发展,人类文明绝不可能达到如今高度发达的水平,社会财富也不可能达到如此富裕的程度。

劳动资料是人类改造自然的强大武器,在生产力发展乃至整个人类社会的发展进步中都占有重要地位。正如马克思所说:**"各种经济时代的区别,不在于生产什么,而在怎样生产,用什么劳动资料生产。劳动资料不仅是人类劳动力发展的测量器,而且是劳动借以进行的社会关系的指示器。"**(《马克思恩格斯全集》,第23卷,人民出版社,1972年版,第204页)

从社会生产发展的历史来看,人类在生产劳动过程中所使用的劳动资料经历了从简单到复杂、从低级到高级、从简陋到精密的不断进步的过程。起初,人们在劳动时使用简单的工具,进行着手工生产,并以人力畜力作为动力,生产效率高低和劳动成果多少受自然因素和手工工具的制约很大。这种状况一直持续了漫长的时期,到工业革命以后才得到改变。随着机器的发明应用,人类生产力达到了前所未有的空前高度。

当今人类社会所拥有的认识自然、改造自然、生产产品、创造财富的巨大能力,是同现代工业生产体系分不开的,而现代工业生产体系又是同机器和机器体系分不开的。机器——马克思称之为"工业革命的起点",在人类社会发展特别是生产力发展过程中占据着特殊重要的地位,正是由于机器和机器体系的出现,才使资本主义机器大工业得以建立，从而大大提高了社会生产力，这是人类社会进步的一个重要里程碑。正如近代思想家谭嗣同所说："机器之制与造，岂有他哉？惜时也。"

以蒸汽机为代表的各种机器的出现和应用，使人类经济发展从农业经济时代进入一个新的阶段——工业经济时代。在此之前，人类只能应用热能本身，蒸汽机的发明第一次把热能转换成机械能，成为人类改造自然的强大力量。蒸汽机的发明和广泛应用，推动了世界工业革命，使工业发生了巨大变化，机械力代替了自然力，现代大工业代替了工场手工业，社会化大生产代替了小生产，工业成为国民经济的主导产业，社会生产力实现了新的飞跃。

人类对更高生产力的追求、对更多财富的追求是没有止境的，所以对劳动资料尤其是生产工具的改进和完善也是不会止步的。工业革命至今200多年来，机器和机器体系经过不断的钻研、发明、改进、创新，向着材质更加坚固、结构更加复杂、功能更加完备、功率更加强大、经济效益更加显著的方向发展；与此同时，工厂布局更加合理，生产工艺更加科学，工作流程更加顺畅，所有这些都不断地改变着生产力的历史面貌，使人类改造自然的能力持续提高。

因此，作为生产力发展水平的最重要的标志，劳动资料特别是生产工具在生产力中具有十分重要的地位。保护劳动资料，保障机器设备安全运转，就是在保护生产力。

## 三、安全保障劳动对象的完好

人类进行生产劳动，最终生产出产品，劳动者、劳动资料和劳动对象这三者一样都不能少。马克思在《哥达纲领批判》一文中指出：**"劳动不是一切财富的源泉。自然界和劳动一样也是使用价值(而物质财富本来就是由使用价值构成的！)的源泉，劳动本身不过是一种自然力的表现，即人的劳动力的表现。"**(《马克思恩格斯选集》，第3卷，人民出版社，1972年版，第5页)

恩格斯在《自然辩证法》中指出：**“政治经济学家说：劳动是一切财富的源泉。其实劳动和自然界在一起才是一切财富的源泉，自然界为劳动提供材料，劳动把材料变为财富。”**（同上书，第508页）

正所谓“巧妇难为无米之炊”。人们进行生产劳动，哪怕劳动者的技术水平再高，机器设备再先进再发达，但是如果没有劳动对象——自然界为我们提供的原材料，又能产出什么产品呢？又假设各种原材料比如木材、原油等已经运抵生产现场，但是发生了事故使之毁于一旦，仍然无法进行生产加工，仍然生产不出产品。安全保障劳动对象的完好，就是保护生产力，这是十分明显的道理。

那么，自然界能够为人类提供什么物质和材料呢？——各种自然资源，包括阳光、空气、土壤、动植物以及各种矿藏资源等。

自然界是人类生存和发展的基础。人类活动离不开自然，从一定意义上讲，人类的生存和发展是自然演进的重要组成部分。正如恩格斯所说：**“我们连同我们的肉、血和头脑都是属于自然界和存在自然界之中的。”**（《马克思恩格斯选集》，第3卷，人民出版社，1995年版，第384页）构成人的肉体组织的元素，就是自然界中大量存在的元素，如碳、氢、氧、钙、钠、磷等。人的肉体组织的活动要消耗能量，所消耗的主要是生物能，这同其他动物消耗的能量是一样的。

同时，人的生存和活动也依赖于自然。不仅人的生命存在离不开氧气、阳光等，而且人的肉体组织决定了必须有吃有喝有住才能维持生存，而人的吃、喝、住所需要的物质资料，从根本上说只能从自然界获得。

为了满足自身生存和发展的需求，人类对大自然的索取越来越多，在古代只需要18种元素，17世纪增加到25种，19世纪为47种，到20世纪中期就上升到80种。对20世纪来说，矿业更是有特殊的意义，因为20世纪全世界的经济发展超过了以往人类经济发展的总和。世界范围的工业化和城镇化导致了对各种金属、非金属矿产资源的庞大需求，人们对矿产品的消费急剧上升，20世纪初，世界人均矿产品消费量为2吨，到20世纪末则上升到10吨。

仅从生存的角度上讲，人类就已经离不开自然界的食物及取暖物品等；再从发展的角度讲，人类更离不开能源和资源了。没有这些物质和材料，人类一天也存活不了。而在人类的生产过程中，抓好安全生产工作，保障这些来自自然界的物质和材料的安全，就是保障劳动对象的完好，就是保障生产力。

## 四、安全保障分工协作的有序进行

发展社会生产力，离不开劳动者、劳动资料和劳动对象，同时也离不开对生产劳动工作的科学组织和管理，离不开分工和协作。

人类社会最早出现的分工是自然分工，也就是由社会成员的年龄、性别差异而引起的分工。恩格斯在谈到原始社会内部由性别而产生的分工时写道：**“这种分工是纯粹自然产生的，它只存在于两性之间。男子作战、打猎、捕鱼，获取食物的原料，并制作为此所必需的工具。妇女管家、制备食物和衣服——做饭、纺织、缝纫。男女分别是自己活动领域的主人：男子是森林的主人，妇女是家里的主人。”**（《马克思恩格斯全集》，第21卷，人民出版社，1965年版，第180页）

人类社会不可能永远只有纯生理为基础的分工。随着生产的发展，此后又出现了与自然分工完全不同的三次社会大分工：游牧部落从其他人群中分离出来，手工业和农业的分离，只从事产品交换的阶层——商人的出现。

分工和协作的出现，是人类社会发展的必然，是生产力发展的必然，是不以人的意志为转移的，古今中外都是如此。

被称为“亚圣”的孟轲（公元前372—前289年），对分工的论述十分明确，使人一看就能很清楚地了解社会分工的必要性。他认为，一人之身所用物品都需各行各业的人为其准备，如果这些物品都是先由自己制造出来然后才能使用，将使天下之人全都疲于奔命而不足以自给；实行工农分工、以有易无，每个人只需从事他本身的工作，不必亲自耕种或织布，农民也不必兼做各行各业的工作，大家分工合作“以有余补不足”，人己两利。

战国中期出现的经济巨著《管子》，从与社会分工密切相关的职业分类出发，导出了社会分工概念。书中认为，“成于务”，“不务则不成”，意思是说工作必须专，然后才能成功。该书还提到，“能则专，专则佚”，意思是说人专于一种操作，熟能生巧，可以相对减少劳动所需的时间。

亚当·斯密（1723—1790年）是英国古典政治经济学体系的重要创立者，他的重要代表作是1776年问世的《国富论》。这本书一开头就充分肯定分工，认为分工对于提高劳动生产率有三个好处：第一，分工可以使劳动者技术熟练程度很快地提高；第二，分工可以使每个人专门从事某种职业，就能减少工人从一个工种转到另一个工种所花费的时间；第三，分工可以使专门从事某项工作的劳动者经常改革劳动工具和发明机器。

马克思对分工和协作对生产力发展的巨大作用十分重视，他指出：**“由协作和分工产出的生产力，不费资本分文。这是社会劳动的自然力。”**（《资本论》，第1卷，人民出版社，1975年版，第423—424页）分工和协作能够产生新的、更大的生产力，能够大幅度地提高劳动效率、增加劳动成果，这一点是十分明显的，那么在社会生产劳动中采用分工和协作的方式，也就成为一种历史的必然。抓好安全生产，保障生产劳动中分工协作的有序进行，就是保护生产力。

安全是生产力，是一种特殊生产力，而且科技越发达、现代化水平越高，安全作为生产力所发挥的作用就越明显、越重要。生产力的基本要素如劳动者、劳动资料、劳动对象，以及科学技术和管理，哪一项都离不开安全，它们同安全是一种同生共存的关系，没有安全就没有它们的存在，更谈不上发挥其应有的作用。

抓好安全生产工作，确保生产力的各个要素完好无损和正常发挥作用，确保劳动产品正常产出，确保社会财富不断增长，尤其是确保人的安全健康，确保经济社会发展成果由广大人民享受，这正是安全生产力的重要作用。

## 第三节　安全是生存力

当前我国正处于工业化、城镇化快速发展进程中，处于生产安全事故易发多发的高峰期。在这种情况下，为了自身的安好和发展，无论是作为社会生产主体的工厂企业，还是作为社会生活主体的人，都必须高度重视安全，积极加大投入，提高安全实力，也就是增强自身应对和化解安全风险的能力。只有这样，才能在如今这个充满市场竞争风险和安全风险的社会里保持强大的生存力，在科学发展之路上走得更好，走得更快，走得更远。

### 一、安全决定企业兴衰成败

安全就是企业的生命，一旦发生安全事故，事故灾难的危害损失将会扩散蔓延，不仅事故发生现场受到灭顶之灾，也会给整个企业造成重大损失，严重的将会导致企业破产倒闭。

企业一旦发生安全事故，受损害的不仅是机器设备，还有企业职工；不仅是物质财富，还有企业形象；不仅在企业内部，还波及企业周围；不仅有当前效益，还有长远影响。可见，安全事故给企业造成的损失不仅是巨大的、多方面的，而且是深远的。或许一两次小的安全事故对一个企业的生存发展不会带来大的影响，但任何事物的发展都有一个从量变到质变的演变过程，小事故不断、大事故不远，小损失不断、大损失难免，日积月累终有一天会引发滔天大祸。

事故导致物质财富巨大损失。

在科技创新的推动下，现代化的工厂企业所应用的工艺、技术和设备同以往相比大不相同，相应地，一旦被损坏损失也更大。正因如此，现代化工业生产的风险性和危害性同几十年及至上百年前相比无疑大大增加，一旦发生事故，经济损失更大、涉及领域更多、持续时间更长、社会影响更广。一些特殊的安全事故，其损失和影响已不局限于本国范围，还引起了国际上的纠纷。因此，抓好安全生产，保障工厂企业的工艺、技术、机器设备以及各种原材料的安全和完好，就是保护企业的物质财富，就是保护企业的生存力、发展力和竞争力，无数事故案例都一再证明了这一点。

伤亡事故经济损失计算方法和标准，按照国家标准《企业职工伤亡事故经济损失统计标准》(GB 6721—1986)进行计算，它对事故经济损失的统计范围、计算方法、评价指标和程度分级都作出了明确规定。其规定的经济损失统计范围包括直接经济损失和间接经济损失。直接经济损失是指因事故造成人身伤亡及善后处理支出的费用和毁坏财产的价值，间接经济损失是指因事故导致产值减少、资源破坏和受事故影响而造成其他损失的价值。

很多重大和特大事故，仅算直接经济损失就已经是一个巨额数字了。

——1994年6月16日，广东省珠海市前山裕织染厂发生特大火灾事故，死亡93人，受伤156人，直接经济损失9515万元。

——2005年2月14日，辽宁省阜新矿业(集团)有限责任公司孙家湾煤矿发生特别重大瓦斯爆炸事故，造成214人死亡，30人受伤，直接经济损失4968万元。

——2010年11月15日，上海市静安区胶州路公寓大楼发生特别重大火灾事故，导致58人死亡，71人受伤，直接经济损失1.58亿元。

许多西方发达国家，由于其科学技术十分先进，生产设施造价昂贵，一旦发生生产安全事故，所造成的经济损失也十分巨大。

——1988年7月6日，英国帕玻尔·阿尔法海上石油钻井平台爆炸，死亡167人，损失30亿美元。这一事故造成的巨大损失和人员伤亡，不仅震惊了英国，而且震动了世界海洋石油界。

——2010 年 4 月 20 日，英国石油公司（BP）位于墨西哥湾的“深水地平线”钻井平台发生爆炸并引起大火，11 名工作人员死亡，并造成持续 87 天的漏油灾难。“深水地平线”是世界上最先进的钻井平台之一，同等级别钻井平台的造价在 6 亿至 7 亿美元。2015 年 7 月，英国石油公司同意将在未来 18 年内，分期支付 187 亿美元作为对漏油及由此引发的生态灾难的赔偿。

事故造成人员伤亡，企业要进行相应赔偿。

作为家庭的继承者和社会的接班人，家庭和社会对现在的孩子、未来主人的培养是花了巨大投资的，为的就是让他们能够安全成长，成为合格的劳动者、建设者。如果他们在工作岗位上因为安全事故导致身体健康受到伤害甚至死亡，不仅使家庭和社会以往在其身上已经付出的抚养成本付之东流，前功尽弃，而且使原来预期的每个劳动者未来几十年的贡献难以甚至无法实现。对此，不仅从道义上不允许，而且国家法律也不允许，必将使发生安全事故的企业以及相关责任人承担法律、经济、行政等方面的处罚，其中企业仅在经济方面的赔偿和处罚就是一笔巨大的支出。

2010 年 7 月 19 日，国务院印发《关于进一步加强企业安全生产工作的通知》，明确指出：“提高工伤事故死亡职工一次性赔偿标准。从 2011 年 1 月 1 日起，依照《工伤保险条例》的规定，对因生产安全事故造成的职工死亡，其一次性工亡补助的标准调整为按全国上一年度城镇居民人均可支配收入的 20 倍计算，发放给工亡职工近亲属。同时，依法确保工亡职工一次性丧葬补助金、供养亲属抚恤金的发放。”

对于劳动者在企业生产安全事故中不幸死亡，国家明确要求大幅度提高赔偿额度，就是体现了对人、对劳动者的尊重，就是要让不顾安全生产的企业付出高昂代价，促使这些企业在对待安全生产工作要从事后弥补和赔偿转变为事先投入和预防，尽最大努力保障职工的生命安全。

2015 年 8 月 12 日，天津港瑞海公司危险品仓库发生“8·12”特别重大火灾爆炸事故，导致重大人员伤亡。9 月上旬，一些天津港消防支队牺牲消防员家属陆续领到抚恤金，包括天津港集团赔偿 40 万元、社会人士捐款 10 万元、其他一次性补助金 180 万元，共 230 万元。

事故导致企业形象巨大损害。

在经济全球化的形势下，企业之间为争夺市场而展开的竞争越来越激烈。当今企业的竞争，已经从过去单纯的质量、价格竞争发展到企业形象的竞争，企业的兴衰存亡越来越依赖其在市场中的形象和声誉。正如外国学者所指出的：“在商品日趋丰富的社会中，选择哪个公司的产品很大程度上取决于企业形象。”

随着经济社会的持续发展和人民生活水平的日益提高，广大社会公众对生活质量、生活方式等方面的要求也在提高，对生产、生活、生存领域安全、健康的需求正在逐步增加，人们对安全的意识上升到前所未有的高度。在这种情况下，某个产品的安全性能以及某家企业的安全形象，就成为市场竞争的有力武器。安全工作开展得好，在社会公众面前展示的安全形象好，这一企业及其产品就容易被社会公众接受；反之，如果一家企业经常发生生产安全事故，其安全形象不好，就很难得到社会公众的认可。《欧盟委员会工作安全卫生新战略(2002—2006)》指出：“安全健康的工作环境会有助于树立公司的良好形象，有助于提高公司的绩效和竞争力。”

为了督促企业抓好安全生产工作，国家安全生产监督管理总局适时推出安全生产事故企业“黑名单”制度。2010 年 2 月，国家安全生产监督管理总局公布了 2009 年全国重特大生产安全事故责任企业名单，也就是安全生产“黑名单”。请看报道：

### 安监总局公布安全生产“黑名单”

**中新社北京 2 月 5 日电(记者周锐)** 国家安全生产监督管理总

局5日公布2009年重特大生产安全事故责任企业名单,即安全生产"黑名单"。中央电视台等52家企业榜上有名。

2009年2月9日,位于北京市朝阳区的中央电视台新址附属文化中心工地发生火灾事故,造成重大经济损失。

这起事故和随后发生的屯兰煤矿"2·22"矿难、同华煤矿"5·30"矿难、平顶山市新华四矿"9·8"矿难以及鹤岗新兴煤矿"11·21"矿难一起占据了此次"黑名单"的前5位。

安监总局数据显示,2009年中国共发生重特大生产安全事故67起、死亡1128人。和2008年相比,事故起数减少了29起、死亡人数减少845人。这67起事故中,有52起发生在生产经营企业或单位,15起发生在非生产经营单位。

因此,除"2009年重特大生产安全事故责任企业名单"外,安监总局还同时对2009年非法人单位重大事故情况予以公示。

安监总局相关负责人表示,上述事故给人民群众生命财产造成重大损失。公布这一黑名单的目的就是为了严肃追究事故责任,接受社会监督。

该负责人称,2008年发生的由国务院调查组负责查处的10起特大事故,目前已全部结案并向社会公布。2009年相关事故的处理也正在进行之中。

据了解,央视大火案即将进入公诉环节。北京本地媒体报道称,该案件目前已进入最后一次审查起诉阶段,检方或在2月下旬,就这起危险物品肇事案作出起诉决定。

**中新社2010年2月5日播发**

2010年11月,天津市人民政府印发《关于进一步加强天津市企业安全生产工作的实施意见》,规定:对于发生较大以上生产安全事故或一年内发生2次以上一般事故并负主要责任的企业以及存在重大隐患整改不力的企业实行"黑名单"制度,记入企业安全生产记录系统,由市安全监管部门会同有关行业主管部门向社会公布,并向投资、国土资源、建设、银行、证券等主管部门通报，一年内严格限制新增的项目核准、用地审批、证券融资等，并作为银行贷款等的重要参考依据。

2011年11月15日，云南省安全生产委员会印发《关于贯彻落实云南省人民政府进一步加强安全生产工作决定的通知》，规定：要严格落实安全生产约谈制度、挂牌督办制度和事故企业“黑名单”制度，依法对发生安全事故、重大隐患整改不力、非法违法行为严重的政府、部门分管领导和企业负责人进行约谈；把发生重特大事故或者一年内发生2起较大事故的企业列入“黑名单”，一年内严格限制其新增的项目核准、用地审批、证券融资和信贷等。

2012年5月31日，辽宁省人民政府办公厅印发《辽宁省实施企业安全生产黑名单制度暂行办法》，规定：省发展改革委、省经济和信息化委、省国土资源厅、省住房城乡建设厅、省工商局、省质监局、辽宁银监局、人民银行沈阳分行接到通报后，要严格限制列入黑名单企业新增项目审批、核准、备案、用地审批、证券融资、银行贷款等，并及时向省安全生产监管局反馈有关情况。列入黑名单的企业不得评选先进企业、文明单位、安全生产标准化等各类有关企业荣誉事项，并对其主要负责人的各类评先评优实行一票否决。

从以上几个省市关于“黑名单”的管理制度可以看出，对列入“黑名单”的企业，首先会面向社会进行公布，同时还会向相关部门通报，对企业相关业务的发展作出多方面的限制。因此，企业发生安全事故，不仅会导致企业社会形象的重大损害，还会给业务发展带来诸多困难，在同其他企业竞争时处于非常不利的地位，严重削弱其生存力和市场竞争力。所以，抓好安全生产关系到企业的社会形象和良好声誉，关系到能否被市场和消费者认可和接受，不可等闲视之。

## 二、安全决定高危行业生存发展

安全是生存力，不仅对工厂企业来说是这样，对一个行业来说也是如此。

一个行业对一个省的经济发展、民生保障等方面的作用和影响，比一个企业要大得多。一个企业如果安全生产没有保证，生产安全事故不断，可以依法对其关停，影响还限于局部范围；但如果是一个行业，让其退出一个市甚至一个省，其影响就不止局部范围了。即便如此，如果某个高危行业安全生产基础薄弱，安全保障程度不高，对劳动者和广大人民群众生命安全和身体健康存在较大危险，也将被淘汰，不能存在。烟花爆竹和煤炭行业作为高危生产行业，已经从一些省份退出，就充分说明了安全直接关系到一个行业的生存力。

浙江省烟花爆竹行业经过连年整顿，数量持续减少，20 世纪 90 年代有 500 多家，2000 年为 165 家，2006 年为 37 家，但安全事故仍然频频发生，亿元产值死亡人数高出浙江全省平均水平 26 倍，属于高危行业。与湖南、江西等其他省的烟花爆竹生产行业相比，浙江省烟花爆竹行业存在着生产规模小、安全条件差、设备设施不完善、抗风险能力差等特点，全省 37 家已经取得安全生产许可证的烟花爆竹生产企业，大部分企业注册资金不到 100 万元；同时产值、利税在浙江省国民经济中所占比重小。为了实现安全发展，2006 年 6 月 20 日，印发《关于浙江省烟花爆竹生产企业稳步退出的意见》，决定烟花爆竹企业从浙江全省退出。

不仅浙江省采取这一重大举措，其他一些省份也采取了同样措施，有的已经实现了烟花爆竹行业从本省退出的目标。请看报道：

### 广东退出烟花爆竹生产行业

**本报讯** 省安全生产监督管理局 6 月 1 日宣布，至 2006 年 5 月 30 日，我省各市已完成烟花爆竹生产行业退出的各项任务并顺利通过省验收工作组的验收。至此，全省烟花爆竹生产行业退出任务提前 1 个月顺利完成，从此，我省结束了烟花爆竹生产历史。这也是继煤炭生产行业退出后我省依法退出的又一大高危行业。

烟花爆竹生产行业是重大、特大事故的易发行业，企业普遍生产规模小、生产条件简陋、工艺技术落后、产值占全省GDP比例小，不符合全省的产业结构规划。为贯彻落实科学发展观，调整优化产业结构，实现安全发展、和谐发展，保障人民群众生命财产安全，根据国务院颁布的《烟花爆竹安全管理条例》的有关规定，我省决定烟花爆竹生产行业于今年6月底前全面退出。为加快该行业退出步伐，省和各有关市制定了相应的优惠政策，鼓励烟花爆竹企业退出和转产转业。

我省原有130家烟花爆竹生产企业，主要分布在湛江、茂名、肇庆、云浮、河源和潮州、清远等经济欠发达地区。据统计，这130家烟花爆竹生产企业中，已有12家顺利转产，12家主动关闭，23家已搬迁到外省，其余企业也正积极实施转产。退出期间，全省共销毁烟花爆竹原料、半成品折合人民币165万元；统一收购库存成品约4600万元。

省政府要求，为巩固退出成果，各地、各有关部门要加大联合执法力度，完善群众举报制度，有效防止退出企业利用原厂房和原材料非法生产“私炮”；同时还要切实做好关闭企业的职工遣散安置工作，确保社会稳定。（沈安信）

**原载2006年6月2日《广州日报》**

经过积极努力，到2013年初，北京、天津、山西、辽宁、黑龙江、江苏、福建、广东8个省市已全部退出烟花爆竹生产。

不只是烟花爆竹行业，作为我国另一高危行业——煤炭行业，由于其生产的特殊危险性和后果的严重性，早在20世纪八九十年代就有一些省份从这一行业退出，上海市在1985年退出产煤领域，西藏自治区在1994年退出产煤领域。进入新世纪，随着安全发展理念的广泛传播，又有新的省份从煤炭行业退出，广东省在2006年退出，浙江省在2013年退出。请看报道：

## 浙江彻底退出煤炭生产领域

日前，浙江省政府按照“依法、科学、安全”的工作要求，对目前省内仅存的浙江长广集团公司七矿进行了有序关闭。这标志着浙江省彻底退出煤炭生产领域，结束产煤的历史。

据了解，在20世纪90年代，浙江省内共有97对矿井，年生产能力约300万吨。到2005年时，全省尚有证照齐全的矿井10对，年生产能力63万吨。

经过“十一五”期间煤炭行业结构调整，浙江省有计划地实施了关停并转，仅剩长广集团的1对矿井。

为确保矿井的安全生产，“十一五”期间，长广集团投入了5700多万元资金，历时30多个月通过资源整合、技术改造以及事故隐患整治等措施，使矿井的安全基础得到了提升，核定年生产能力提高到19万吨。经过25年开采，该矿累计生产原煤340万吨。

虽然连续15年没有发生死亡事故，但是该矿属于高瓦斯矿井，加上地质条件复杂，客观的生产条件和生产工艺不利于安全生产。煤炭生产所占长广集团的业务份额越来越小，从稳定和发展的大局考虑，经有关部门批准，对七矿提前闭坑。

浙江省经信委建材冶金煤炭行业管理办公室主任李琴娜表示，目前，全省每年消耗的1.4亿多吨煤炭，将来全部靠从省外和境外调入。（记者徐文标）

**原载2013年8月27日中国网**

经济社会发展的目的，是让广大人民群众生活得更加幸福安康。兴办一个企业、发展一个行业，即使它能够给社会创造一些财富、给政府增加一些税收、给群众解决一些就业岗位，但如果它的安全管理水平不高，生产安全事故不断，给人民群众生命安全和身体健康带来很大损害，将会直接影响其生存能力；烟花爆竹和煤炭行业从一些省份退出，充分说明安全就是一个行业的生命力、生存力，没有安全，将什么都没有。

## 三、安全决定个人生命质量和生活质量

面对当今竞争时代和风险社会，一个人要拥有幸福、成功的人生，要不断提高自己的生命质量和生活质量，必须具备相应的安全素养，包括安全意识和安全知识技能。平时多掌握一些安全知识，人生道路上就会多一份安全保障，多一份平安幸福。

2007年5月9日，中国红十字会主办的主题为“社会力量在应急管理中的作用”的第二届博爱论坛在北京举行。国家安全生产监督管理总局副局长王德学在论坛上指出：“安全生产涵盖各地区、各行业、各领域，事故灾难多种多样，何时、何地发生何种事故，以及会造成什么样的后果，都具有高度的不确定性。而处置不同类型和规模的事故灾难所需技术、装备、队伍差别也很大。”

在这届论坛上，国务院应急管理专家组组长闪淳昌指出：“在我国，每年因自然灾害、事故灾难、公共卫生和社会安全等突发事件造成的非正常死亡超过20万人，伤残超过200万人，经济损失超过6000亿元人民币，我国全民防灾意识教育还相当薄弱。”

自然灾害、事故灾难、公共卫生和社会安全事件给我国经济发展造成重大损失，同时也给人民群众的安全健康造成重大危害；而从生产角度讲，事故灾难多种多样，何时、何地发生何种事故，造成什么后果，都具有高度不确定性，给提前预防和应急处置带来诸多困难。与此同时，随着经济社会发展使交通状况大为改善，以及人们交流交往的增多，使得如今人们的活动范围大大扩展，活动频率大大提高，又增加了人在旅途和人在他乡的安全风险。这一现状，对人们的安全素养提出了很高的要求。广大公民只有顺应这一要求，不断提高自身安全素养，才能提升自己的生命质量和生活质量，才能享有平安幸福，否则将会付出惨痛代价。

2012年年底，河南省南阳市一名17岁的运动员救起5名落水

者，避免了一起重大伤亡事故的发生，给我们许多有益的启示。请看报道：

## 南阳17岁运动员勇救五名落水者

初冬时节，在流经南阳市区的白河上，17岁的少年运动员王斌斌，拼尽全力，救起了5名落水游客，避免了一起重大伤亡事故的发生。但在回忆他的英勇事迹的同时，也引起了我们深深的思考。

### 回乡训练　突遇险情

初冬的一天下午，位于南阳市滨河大道旁的白河游览区，阳光和煦，岸边有不少市民在散步。宽阔的白河上，波光粼粼，有几艘游船在划行，也有南阳市体校的几只艇在训练，其中就包括王斌斌的单人划艇。1995年10月出生的王斌斌刚满17岁，他去年7月从桐柏县的一所农村中学进入南阳市体校接受赛艇训练，今年7月被选拔到河南省水上运动中心，改练划艇，师从我国著名教练延峰教授。近段时间，王斌斌没有比赛任务，本来领导安排他回桐柏老家休息，但他怕休息时间长了，影响下一步训练，就自觉地来到母校南阳体校，跟队训练。

下午4点左右，他正在航道上疾驶，忽然前方河面上传来一阵阵急促的救命声，原来是离岸15米左右的地方，一艘电动游船翻了，船上的4男2女6名游客全部落水，其中只有一名游客穿着救生衣，先游到岸上逃生，剩下5个不会游泳的同伴在4米多深、水温只有5摄氏度左右的白河里挣扎，命悬一线。

救人要紧！王斌斌听到喊声，没有丝毫犹豫，使出全身力气，加快桨频，用最快的速度向落水者划去，他在远处的教练和队友也都向这个方向驶来，但他们练习的都是赛艇，还需要调头，救人的重任将由距离最近的王斌斌承担。

## 见义勇为 临危不惧

人都有求生的本能，尤其是身陷绝境者，求生的渴望更强烈。因此当王斌斌划到翻船地点时，正在水里挣扎的3个男性落水者一下子抓住了划艇，本身重量只有几十公斤的划艇一下子扣过来了，王斌斌也落入水中，由于划艇的两端都是密封的，浮力比较大，所以它又浮上来了，暂时就成为大家的救命船。此时两名女游客体力不支，一个在不停地沉浮，一个已经看不到了。王斌斌迅速潜入水中，摸着了人，把其拉上水面，然后再次潜入水中，又把第二个已经开始下沉的女游客救上来，拉着划艇休息。

可是，6个人都拉着划艇显然太重了，水里也太凉，必须尽快上岸，这样才能确保安全。

王斌斌一边单手划水，一边拉着一个女游客往岸边游。女游客喝了不少水，神智有些模糊，紧紧地拉住王斌斌不放，让他也喝了几口河水。他强忍着不适，以最快的速度把女游客推送到岸边。

此时的王斌斌多么想休息一会儿啊！救人以前他已经训练了近一小时，已经消耗了不少体力，前来救人时他又以比赛冲刺般的速度划了200米，体能严重透支。但他想自己毕竟是个运动员，体格比那些游客好，腰里还有救生气囊，应该把浸泡在河水里的游客尽快救上岸。一趟，两趟，一个，两个，他把第四名游客也送上了岸。再次返回时，他实在游不动了，胳膊腿都酸得要命。如果不是腰里的救生气囊，没准他也沉下去了。他一咬牙又冲向第五个游客。就在这时，他的教练刘刚等人也赶过来了，岸上的人也给水里的游客扔下了救生衣，最后的救援工作顺利完成，一场有可能出现多人伤亡的事故避免了。

## 救人背后 感慨良多

王斌斌救人后再次跳入水中，游到自己心爱的划艇边，爬上划艇，稍事休息，慢慢地划向船库。到了那里，他把艇放好，换上衣服，悄悄地离开了。

第二天，获救游客想感谢那个高个子的救命恩人，但不知道他来自哪里，叫什么名字。有人说他划的那种船老百姓没有，肯定是市体校划船队的。随后，他们来到市体校，询问了几个人，才知道救人的无名英雄是年仅17岁的王斌斌，于是，他们把一封满怀深情的感谢信送到了南阳市体校，委托他们转交给省水上运动中心。此时，王斌斌已经回到了中心，开始了正常的训练。对于他的英勇事迹，只字未提，直到收到感谢信，中心领导和延峰教练才知道事情的经过。

6人落水，全部获救，应该说是皆大欢喜的结果，但在仔细了解事情全过程之后，我们不得不说，这是一个本不该发生的事故，又是一个非常侥幸的结果，只是某些偶然的因素才以零伤亡的结果而“收官”。根据白河游览区的规定，游客乘坐的那种电动船只能载客4人，可当这6名网上认识的网友相约来白河游览区，酒后一起上船时，并没有人坚决地阻止这种超载行为，给事故的发生埋下了隐患。在船上，6个人都比较兴奋，不断走动，后来还要更换驾驶员，隐患重重。就在他们站起来换位置时，超载的船重心不稳，瞬间倾覆。按规定，上船后必须穿好救生衣，而他们6个人只有一个人穿了，剩余的救生衣在翻船后顺水漂走了，这才导致后面的救援工作异常困难。更让人寒心的是，在王斌斌独自救人的同时，岸上站满了几十个人，有管理处的员工，也有其他游客，并没有一个人下水救人，任凭年轻的王斌斌一趟趟来回，直到体力耗尽，险些沉入水底。万幸的是，王斌斌有着比较强的组织纪律性，认真执行了省水上运动中心提出的“不带救生设备不准下水”的规定，救生气囊不离身，哪怕是回母校独自训练时也是如此。正因为有这个最后的保障，他在体力耗尽时也能自保。水上运动中心书记付汝成心情复杂地说：“我为我们的队员感到骄傲。一是关键时刻敢见义勇为，二是认真执行有关规章制度，确保自身安全。如果他当时不携带救生气囊的话，没准这会就成了年轻的烈士了。下一步，我们准备在全中心开展向王斌斌学习的活

动，并向有关方面为其申报见义勇为先进个人，以表彰他的英勇行为。”（孟向东　陈元）

**原载2012年11月28日《河南日报》**

在这一事例中，可以看到三种人三种不同的命运：第一种是落水而且未穿救生衣的5名游客，落水后生命安全已经不由自己掌握，只能等待他人救援；第二种是落水但身穿救生衣的一名游客，落水后自己游到岸上逃生，自己的命运自己掌握；第三种就是17岁的运动员王斌斌，不仅自己会游泳，并且严格执行“不带救生设备不准下水”的规定，救生气囊不离身，不仅能够自保，同时还能救人。可以说，是安全素养的不同，决定了三种人在意外突发事件中不同的命运。

面对人类社会和自然界的风险隐患，面对生产领域和生活领域的危险因素，要保证自身能够平平安安，并且在他人遇险时也能安全、顺利地加以救援，提高我们自身的安全意识、安全知识和安全技能是根本，只有这样才能进行科学施救，最大限度地减少人员伤亡；否则，不仅救不了遇险者，还有可能使自己处于十分危险的境地，使伤亡进一步扩大。

盲目施救致使伤亡扩大的情形经常发生，无论是在生产领域还是在生活领域，尤其是在救助落水者时由于施救者自身不通水性、不知水情，很容易发生意外。请看报道：

## 鄂尔多斯：1大学生落水，众人施救4人溺亡

**新华社呼和浩特6月23日电（记者王春燕）**　6月22日，内蒙古自治区鄂尔多斯市康巴什新区乌兰木伦河道发生一起1名学生落水，众同学施救，结果4人死亡的悲剧。

6月22日，内蒙古大学鄂尔多斯学院的12名学生在乌兰木伦河道下游野餐，在河道边戏水时，1名学生不慎落水，其余11名学生组织援救。在援救过程中，又有5名学生相继落水。当地公安、消

防、120 急救人员在接警后第一时间赶赴现场施救，其中 2 名学生获救，其余 4 名学生被打捞上岸后经 120 急救人员现场确认已溺水死亡。

这种“一人落水多人死亡”的悲剧并非个案。入夏以来，全国各地多次发生不同年龄层的学生溺水死亡事故。在南方的某些省份，溺水已经成为伤害学生的“头号杀手”。而多人溺水死亡的案例中，很大一部分溺亡者都是为施救第一个落水者。

今年 5 月，教育部副部长刘利民在全国中小学幼儿园安全工作电视电话会议中提出，要加强防溺水安全教育，坚决预防学生溺水。在防溺水安全教育中要求学生做到的“六不”，其中一条就是“不熟悉水性的学生不擅自下水施救”。

**新华社 2013 年 6 月 23 日播发**

实际上，游泳是一项高危险性的体育运动项目。或许将游泳归于高危体育项目有些出人意料，但在业内人士和相关专家看来，游泳的风险系数并不低。高危体育项目一般指专业技术强、危险性大的运动，和人的生命息息相关的游泳就具有这一特性；同时，水里也存在一定的不确定性，这一点在公开水域或自然水域中尤其明显。因此，即使是专业运动员在游泳时也难免发生意外事故，近年来在全国一些地方都相继发生过青少年在正规游泳场地参加游泳培训时溺亡的事故。

2013 年 5 月，国家体育总局等五部门公布了第一批高危险性体育项目，分别是游泳、高山滑雪、自由式滑雪、单板滑雪、潜水和攀岩。公告全文如下：

## 第一批高危险性体育项目目录公告

为落实《全民健身条例》对高危险性体育项目经营活动管理的相关要求，保障人民群众参与高危险性体育项目的人身安全，根据《全民健身条例》第三十二条第四款的规定，经国务院批准，现将第一批高危险性体育项目目录公告如下：

一、游泳

二、高山滑雪、自由式滑雪、单板滑雪

三、潜水

四、攀岩

各高危险性体育项目经营单位和相关部门应按照《全民健身条例》的规定，做好高危险性体育项目经营的申报和管理工作。

本公告公布前已经开展目录所列高危险性体育项目经营的，经营单位应当在其经营场所醒目位置张贴本公告，对消费者进行提示，并于公告公布后6个月内按照相关规定办理许可手续。

消费者应增强自我保护意识，了解高危险性体育项目的特点，服从经营单位工作人员的劝诫和指导。

特此公告。

**国家体育总局　人力资源社会保障部　国家工商行政管理总局**
**国家质量监督检验检疫总局　国家安全生产监督管理总局**
**2013年5月1日**

游泳本身就已经是高危险性的运动项目了，而在河流、池塘等处对落水者进行救援，其风险性又会进一步加大；如果施救者本人没有熟练的游泳技能和专业的救援知识，冒然下水施救，很有可能将施救者也置于危险的境地，从而导致伤亡人数增多。

在当今社会，风险无时不有、无处不在，对企业安全生产和个人安全成长造成了很大威胁。正确的选择只有一种，为了自身的安好和发展，无论是作为社会生产主体的工厂企业，还是作为社会生活主体的人，都必须高度重视安全，积极加大投入，提高安全实力，也就是增强自身应对和化解安全风险的能力。只有这样，才能在如今这个充满市场竞争风险和安全风险的社会里保持强大的生存力，从而走得更好，走得更快，走得更远。

安全是生命力，安全是生产力，安全是生存力，深刻说明了安全生产的巨大作用和重要地位，充分体现了它无论对于企业还是对于个人的极端重要性。但令人遗憾的是，并不是每一家企业和每一个人都能清醒地认识到这一点，这就导致了许多原本可以避免的事故和悲剧的发生。面对风险社会，我们必须深刻认识安全生产的功能和作用，追求安全、维护安全、享有安全，只有这样，才有企业的持续发展和个人的平安成长。

# 第三章　四个第一——安全生产定位论

生产劳动是人类社会赖以生存和发展的基础，是人们生产产品、创造价值、积累财富的手段和途径。正是由于从古至今一代代人们的劳动成果的积累，才有了如今的人类文明和现代生活。

同样是生产劳动，在不同的时代其生产条件和创造价值是不同的。传统的农业经济社会是以广大的耕地和众多的人口劳动力为基础的；工业经济是以大量自然经济和矿藏原料的冶炼、加工和制造为基础的，以大量消耗原材料和能源为特征的；当今知识经济则是一种全新的、以高技术产业为支柱、以智力为主要资源和以知识为基础的经济形态。在这三种经济当中，安全生产的作用和地位是不同的。

在农业经济中，安全生产对社会影响不大，故而不受重视，没有地位。在工业经济中，由于机器的发明和广泛应用，安全生产被放到一个十分重要的位置，因为一旦发生工业生产事故，将会给人员和社会财富造成重大损失。在知识经济中，知识加速转化为生产力，人力资本成为经济发展的根本依托，同样的工人、同样的材料可以创造出比以往多得多的财富和价值，发生安全事故其损失也比以往大得多；由此，安全生产在生产劳动中的位置也就上升到了第一位。

我国是社会主义国家，人民群众是国家的主人，我们的一切工作都是为了维护广大人民群众的根本利益，其中最重要的则是保障他们的生命安全和身体健康。因此，党和国家历来高度重视安全生产工作，并将安全生产放在经济社会发展第一位工作的重要位置。

1952年12月，劳动部在北京召开第二次全国劳动保护工作会议，提出了“安全为了生产、生产必须安全”的安全生产方针。

1956年5月，国务院颁布《工厂安全卫生规程》、《建筑安装工程安全技术规程》和《工人职业伤亡事故报告规程》，并在颁布这些规程的决议中指出：“改善劳动条件，保护劳动者在生产中的安全和健康，是我们国家的一项重要政策，也是社会主义企业管理的基本原则之一。”

1963年，国务院在颁布《关于加强企业生产中安全工作的几项规定》指出：“做好安全管理工作，确保安全生产，不仅是企业开展正常生产活动中所必须，而且也是一项重要的政治任务。”

1978年，中共中央印发《关于认真做好劳动保护工作的通知》指出：“加强劳动保护工作，搞好安全生产，保护职工的安全和健康，是我们党的一贯方针，是社会主义企业管理的一项基本原则……必须使广大干部懂得，不断改善职工的劳动条件，防止事故和职业病，是一项严肃的政治任务，也是保证生产健康发展的重要条件。”

1983年5月，国务院批转劳动人事部、国家经委、全国总工会《关于加强安全生产和劳动安全监察工作的报告》指出：在“安全第一、预防为主”的思想指导下，搞好安全生产，是经济管理、生产管理部门和企业领导的本职工作，也是不可推卸的责任。

1985年1月3日，全国安全生产委员会成立并召开第一次会议，正式将“安全第一、预防为主”确立为安全生产方针。

2002年11月1日起施行的《安全生产法》，第一次以法律形式将“安全第一、预防为主”的方针予以确认。

几十年来，我国一直坚持“安全第一”的工作方针，这既说明了安全生产工作在经济社会发展中的重要作用和重要地位，同时也说明了对安全生产的高度重视。那么，安全生产在我国经济建设和社会发展中究竟处于一个怎样的定位呢？

安全生产在我国经济建设和社会发展中处于“四个第一”的定位，具体而言，就是经济建设第一要求、企业生产第一需求、社会进步第一追求、个人成长第一诉求。

**——经济建设第一要求。**社会主义的根本任务就是发展社会生产力，只有这样才能创造越来越多的社会财富，不断满足人民日益增长的物质和文化需求。发生安全事故，将会严重破坏社会生产力、摧毁社会财富，同社会主义生产目的背道而驰。要顺利推进经济建设、大力发展社会生产力，就必须抓好安全生产工作。

**——企业生产第一需求。**企业是独立的商品生产者和经营者，是市场经济条件下的社会经济基本单位；企业要在市场竞争中生存和发展，就必须盈利，抓好安全生产则是其必不可少的前提条件。劳动生产过程，既是创造社会财富的过程，同时也是占有和消耗劳动的过程；要降低成本、提高效益，就必须尽力减少所占有和消耗的劳动。一旦发生事故，已经占有和消耗的劳动不仅会白白摧毁，恢复原有生产能力、重建原有生产秩序又会耗费大量人力、物力、财力，其损失是巨大的、多方面的。要实现企业持续健康发展，就必须抓好安全生产。

**——社会进步第一追求。**经济建设的目的不单纯是追求经济增长，更不是单纯追求 GDP 的增长，而是在经济发展的基础上实现社会全面进步，增加全体人民的福利。因此，社会发展和进步是经济建设的出发点和归宿。要实现社会全面进步，安全生产是重要的前提和保障。只有实现安全生产，才能实现社会安定有序、人民安居乐业。

**——个人成长第一诉求。**当今社会是一个风险社会，无论是生产领域还是生活领域，都时时处处充满各种风险隐患。要实现一个人的安全成长和发展，就必须时刻注意维护自身的生命安全和身体健康。

安全生产"四个第一"的定位，是对传统"安全第一"的进一步丰富和发展，是在当今知识经济时代对安全生产工作重大作用和重要地位的准确把握，是坚持以人为本理念的鲜明体现，也是整个社会抓好安全生产工作必须严格遵循的。

## 第一节　经济建设第一要求

物质资料的生产是人类社会存在和发展的基础，生产力的发展则是人类社会发展的最终决定力量。大力发展社会生产力，正是社会主义优越性的根本体现。

1978 年 9 月 16 日，邓小平同志指出：**“我们是社会主义国家，社会主义制度优越性的根本表现，就是能够允许社会生产力以旧社会所没有的速度迅速发展，使人民不断增长的物质文化生活需要能够逐步得到满足。”**（《邓小平文选》，第 2 卷，人民出版社，1994 年版，第 128 页）

1986 年 4 月 4 日，邓小平同志指出：**“社会主义的任务就是要发展社会生产力，增强社会主义国家的力量，使人民的生活逐步得到改善，然后为将来进入共产主义准备基础。”**（《邓小平文选》，第 3 卷，人民出版社，1993 年版，第 157 页）

解放和发展生产力是中国特色社会主义的根本任务。改革开放以来，我国坚持以经济建设为中心，推动社会生产力以前所未有的速度发展起来，使得我国综合国力、人民生活水平、国际地位大幅度上升。

从 1978 年改革开放到 2013 年，我国国民经济蓬勃发展，经济总量连上新台阶，综合国力和国际竞争力由弱变强，成功实现从低收入国家向上中等收入国家的跨越。

**——经济保持快速增长，年均经济增速高达 9.8%。**1979—2012 年，我国国内生产总值年均增长 9.8%，同期世界经济年均增速只有 2.8%。我国高速增长期持续的时间和增长速度都超过了经济起飞时期的日本和亚洲“四小龙”。

**——经济总量连上新台阶，综合国力大幅提升。**国内生产总值由1978年的3645亿元上升至2012年的518942亿元。其中，从1978年上升到1986年的1万亿元用了8年时间，上升到1991年的2万亿元用了5年时间，此后10年平均每年上升近1万亿元，2001年超过10万亿元大关，2006年超过20万亿元，2012年已达到近52万亿元。

**——经济总量居世界位次稳步提升，对世界经济增长的贡献不断提高。**1978年，我国经济总量位居世界第十位；2008年超过德国，居世界第三位；2010年超过日本，居世界第二位，成为仅次于美国的世界第二大经济体。经济总量占世界的份额由1978年的1.8%提高到2012年的11.5%。2008年下半年国际金融危机爆发以来，我国成为带动世界经济复苏的重要引擎，2008—2012年对世界经济增长的年均贡献率超过20%。

**——人均国内生产总值不断提高，成功实现从低收入国家向上中等收入国家的跨越。**1978年人均国内生产总值仅有381元，1987年达到1112元，2003年超过万元大关至10542元，2007年突破2万元至20169元，2010年突破3万元大关至30015元，2012年人均国内生产总值达到38420元，扣除价格因素，比1978年增长16.2倍，年均增长8.7%。人均国民总收入实现同步快速增长，根据世界银行数据，我国人均国民总收入由1978年的190美元上升至2012年的5680美元，已经由低收入国家跃升至上中等收入国家。

**——国家财政实力明显增强，政府对经济和社会发展的调控能力日益增强。**1978年国家财政收入仅为1132亿元，1985年翻了近一番，达到2005亿元，1993年再翻一番，达到4349亿元，1999年跨上1万亿元台阶，达到11444亿元，2007年超过5万亿元，达到51322亿元，2011年超过10万亿元。2012年，我国财政收入达到117254亿元，比1978年增长103倍，年均增长14.6%。

**——对外贸易总量不断攀升。**1978年，我国货物进出口总额只有206亿美元，世界排名第二十九位，1988年突破了1000亿美元，

2004年突破了1万亿美元大关。2012年，货物进出口总额已达到38671亿美元，比1978年增长186倍，年均增长16.6%，仅次于美国，位居世界第二位；货物出口总额20487亿美元，增长209倍，年均增长17.0%，居世界第一位；货物进口总额18184亿美元，增长166倍，年均增长16.2%，居世界第二位。2012年，我国货物出口总额和进口总额分别占世界的11.2%和9.8%。

**——城乡居民收入显著提高。**35年来，居民收入增长和经济发展同步、劳动报酬增长和劳动生产率提高同步，确保了城乡居民收入和财富的快速增长。2012年，城镇居民人均可支配收入24565元，比1978年增长71倍，年均增长13.4%，扣除价格因素，年均增长7.4%；农村居民人均纯收入7917元，增长58倍，年均增长12.8%，扣除价格因素，年均增长7.5%。城乡居民拥有的财富显著增加。2012年末，城乡居民人民币储蓄存款余额39.9万亿元，比1978年末增长1896倍，年均增长24.9%。

尽管取得了举世瞩目的巨大成就，但我国经济建设还存在着一系列困难和挑战，实现国民经济持续健康发展任重道远。

**——我国人均国民收入在世界的位置比较靠后。**2009年，我国人均国民总收入为3650美元，仅相当于世界平均水平的42%，在世界银行统计的213个国家和地区中居第125位。

**——劳动生产率同发达国家相比还有很大差距。**2008年，我国每个就业者创造的GDP为5855美元，仅相当于美国的5.9%，日本的7.7%，俄罗斯的25%。

**——经济增长效益低、代价大。**2009年，我国GDP占世界的8.6%，却消耗了世界47%的煤炭和10.4%的石油。同年美国GDP占世界的24.3%，煤炭和石油消费占15.2%和21.7%；日本GDP占世界的8.7%，煤炭和石油消费占3.3%和5.1%.

**——能源资源成为经济社会发展的硬约束。**我国人口多、资源少，资源环境的承载能力弱。我国人均耕地面积仅为世界平均水平的40%，石油、天然气、铁矿石、铜和铝土矿等重要矿产资源人均储量分别为世界平均水平的11%、4.5%、42%、18%和7.3%。我国森林覆盖面积不到世界平均水平的2/3，人均森林面积不到世界平均水平的1/4，沙化土地面积约占国土面积的1/5，水土流失面积占国土面积1/3以上。同时，环境污染问题严重，近年来水污染事件频发，雾霾天气增多，不少地区的环境容量已经逼近临界点。资源和环境问题对我国经济发展的制约越来越明显。

克服前进道路上的困难，保持国民经济持续健康发展，使我国社会生产力不断向着更高水平迈进，是一项长期而又艰巨的任务，必须坚持科学发展。这当中，安全生产是一个必不可少的先决条件，是经济建设顺利进行的根本保障。

安全生产对经济建设和财富增长的巨大作用，从事故损失上就可以清晰看出。

事故给人类造成的损害是十分巨大的，也是多方面的，仅就经济方面就已触目惊心。据联合国统计，世界各国平均每年的事故损失约占国民生产总值的2.5%，预防事故和应急救援方面的投入约占3.5%，两者合计为6%。国际劳工组织编写的《职业卫生与安全百科全书》指出："可以认为，事故的总损失即是防护费用和善后费用的总和。在许多工业国家中，善后费用估计为国民生产总值的1%至3%。事故预防费用较难估计，但至少等于善后费用的两倍。"面对这种状况，国际劳工组织的官员惊呼：事故之多、损失之大，真使人触目惊心。从事故损失的严重性，也可以看出安全投入的重要性和必要性。

安全生产事故所造成的危害是多方面的，经济损失只是其中之一，对于国民经济健康发展危害严重。请看报道：

### 安监总局局长：事故损失占GDP 2%

**新华社广州6月14日电(记者张虹生、吴俊)**　"我国一年有

100 万个家庭因安全生产事故造成不幸，按照一个家庭 3 人计算，20 年中就牵涉 6000 万人。”在此间举行的安全生产万里行安全形势报告会上，国家安监总局局长李毅中用一组惊人的数字，向社会通报了我国安全生产面临的严峻形势。

李毅中说，去年安全事故造成的直接经济损失高达 2500 亿元，约占全国 GDP 的 2 个百分点，这还不算间接的经济损失。“全国人民辛辛苦苦，才让 GDP 上升了八九个百分点，结果安全事故一发生，两个百分点就没了！”

**新华社 2005 年 6 月 14 日播发**

生产安全事故给经济建设和社会财富造成重大损失，实现安全生产则会给经济社会发展带来有力保障，特别是随着经济的发展、科技的进步，工厂企业现代化程度不断提高，安全生产工作日益凸显其重大作用和广泛影响，如今已经成为经济建设第一要求、第一保障。

1980 年 8 月 25 日，国务院《关于严肃处理“渤海 2 号”翻沉事故的决定》指出：“安全生产是全国一切经济部门和生产企业的头等大事。各企业和主管机关的行政领导同志和各级工会，都要十分重视安全生产，采取一切可能的措施保障职工的安全，努力防止事故的发生……我们的社会主义国家和社会主义企业的神圣职责，就是要尽一切努力，在生产劳动中和其他活动中避免一切可以避免的伤亡事故，否则就是违背了我们的工人阶级立场和社会主义的革命人道主义原则。”

1988 年 11 月 30 日，国务委员、全国安全生产委员会主任邹家华指出：“一定要处理好安全和生产的关系，要明确地提出生产必须安全，只有安全才能更好地生产。当两者在人力、物力、财力安排上出现矛盾时一定要在保证安全的前提下合理地解决，因为只有安全生产才能得到有效的社会和经济效益。”

1995 年 2 月 20 日，中共中央政治局委员吴邦国指出：“搞好安全生产工作，建立良好的安全生产环境和秩序，是保证社会稳定、经济发展的重要条件，也是建立社会主义市场经济不可忽视的一个重要环节，也是贯彻落实中央经济工作会议精神的一个重要内容。社会主义市场经济建立和发展的过程，是生产力不断提高的过程。而严重的事故，对生产力产生了不可低估的破坏和阻碍，因此，必须下大力气抓好安全生产工作。"

1996 年 1 月 22 日，中共中央政治局委员、国务院副总理吴邦国在全国安全生产工作电视电话会议上指出："安全生产工作还存在严重问题。如果任其发展下去，人民生命财产就要受到极大威胁，经济发展和社会稳定就要受到严重影响。这与我们党和政府为人民服务的宗旨是相违背的，与我们发展经济的愿望是相违背的，与社会稳定的要求是相违背的……各级党委和政府必须加强对安全生产的领导，把搞好本地区、本部门的安全生产工作作为自己的重大责任。"

1997 年 5 月 9 日，江泽民同志对加强安全生产工作作出指示："坚决树立安全第一的思想，任何企业都要努力提高经济效益，但是必须服从安全第一的原则。"

可见，我们国家对安全生产的定位是十分明确的，"是全国一切经济部门和生产企业的头等大事"，"必须服从安全第一的原则"，问题在于抓好落实。

高度重视安全生产，将安全生产工作放在经济建设第一要求的位置，从经济效益的角度看，能够带来怎样的回报呢？

安全生产对经济的影响，不仅直接表现在减少事故造成的经济损失方面，同时，它对经济增长也有一定的贡献率。国家安全生产监督管理局完成的《安全生产与经济发展关系研究》课题，针对我国 20 世纪 80 年代和 90 年代安全生产领域的基本经济背景数据，经过研究后得出结论，安全生产对社会经济的综合贡献率是 2.4%，安全生产的投入产出比是 1∶5.8。

实际上，抓好安全生产工作所产生的效益远不止经济效益这一个方面，仅就经济效益而言，1∶5.8 的投入产出比也只是当前效益和显性效益，除此之外还有长远效益和隐形效益。稳定的社会、良好的环境、井然的秩序，都是进行经济建设不可缺少的。因此，将安全生产放在经济建设第一要求的重要位置，是国民经济持续健康发展的必然要求，也是有着巨大的效益的。

## 第二节　企业生产第一需求

在人类各种环境和场合中，生产场合是风险隐患最多、最危险的。《匈牙利职业安全卫生国家计划（2001）》指出："人类生存环境中，工作环境是最危险的，比其他的环境风险至少高出1～3倍。风险的形式多样，如机械伤害、危险物品、社会与心理因素、工作的组织管理、社会与卫生设施的缺陷以及工作中人的失误等。"

该《计划》还指出："除了职业病外，工作还会产生相关疾病，如不良的工作环境会产生疾病，也就是工作环境中的某些因素会增加患病的风险。工作相关疾病的产生比职业病发病率至少高2倍。"

那么，工作环境的危险性究竟有多大，对劳动者的生命安全和身体健康带来怎样的影响呢？请看报道：

### 国际劳工组织统计曝工作安全现状令人忧<br>每年200万人因工伤或染病死亡<br>270万例事故威胁生命健康

据联合国网站4月25日消息，每年4月28日是世界工作安全与健康日。联合国有毒废物问题特别报告员吉尔戈斯科警告称，世界有数百万工人所从事的职业无法给员工提供足够的安全保护，使他们免受工作带来的疾病和伤害。吉尔戈斯科对儿童和怀孕期的妇女接触有毒物质表示特别担忧，他呼吁各国能严格贯彻工作场合的安全措施，减少每年与工作有关的死亡率。

根据国际劳工组织的统计，每年有200万人因工伤或因工染病而死亡。每年160万人因工染病，工作中的致死或非致死性的事故每年发生270万例，所导致的经济损失相当于每年世界生产总值的4%。吉尔戈斯科说，工作场所中的事故和疾病使雇主面临因员工提前退休、技术工人流失、劳动力短缺和疾病而导致的巨大损失。而这些事故和疾病很多是可以避免的。

吉尔戈斯科指出，只有极少数国家批准了国际劳工组织的公约，如《职业安全和健康公约》、《石棉公约》、《农业安全和健康公约》和《职业性癌症公约》。但他对最近意大利和法国的两起案件的判决表示欣慰。

今年2月，意大利法院在一起因生产石棉纤维而导致数千人死亡的案件中，裁定意大利石棉工厂艾特尼特有罪；几天后，法国法院在一起因杀虫剂化学物质含量不明而导致一名农民染病的案件中，判处法国生物技术公司莫桑托有罪。

吉尔戈斯科表示，这两起案件说明了生产商和雇主有义务向其雇员与消费者充分说明他们每日接触的物质的性质和作用。

**原载2012年4月27日《工人日报》**

人类在获取生产资料和生活资料的过程中，难免会受到来自自然界、作业场所和劳动工具的伤害。在农业社会，这种伤害程度有限。进入工业化、社会化大生产后，安全生产就成为一个必须严肃对待的社会性问题。特别是作为社会财富的主要创造者，工厂企业由于风险的高度集中，更应抓好安全生产。

工厂企业要在激烈的市场竞争中赢得生存和发展，最根本的一条就是要盈利，谋求利润最大化。无论从哪个角度来分析工厂企业的性质，都不能不看到，它们是创造利润的机器这个最简单然而也是最深刻的道理。正是为了创造利润，就必须将安全生产放在第一位。

生产事故造成的损失一般可以分为两个方面，一是人员伤亡，二是财物损失，即使没有造成人员伤亡，一般来说也会有财物损失。那么，生产事故所造成的经济损失怎样来计算和衡量呢？国家标准局于 1986 年 8 月 22 日发布、于 1987 年 5 月 1 日起实施的《企业职工伤亡事故经济损失统计标准》(GB 6721—86)作了明确规定。按照《企业职工伤亡事故经济损失统计标准》,事故经济损失分为直接经济损失和间接经济损失。直接经济损失是指因事故造成人身伤亡及善后处理支出的费用和毁坏财产的价值,间接经济损失是指因事故导致产值减少、资源破坏和受事故影响而造成其他损失的价值。因此,在计算生产事故造成的财富损失大小时,必须综合、全面地计算,既包括直接经济损失、又包括间接经济损失,既包括物质资料的损失、又包括生产能力的破坏,既包括设施设备的损毁、又包括资源环境的破坏浪费。可见事故损失涉及面之广,危害之大。

我国有许多事故造成重大人员伤亡和经济损失。

——1993 年 8 月 5 日,广东省深圳市清水河危险化学品仓库发生火灾,并产生连续爆炸,导致 15 人死亡,200 多人受伤,3.9 万平方米建筑物毁坏,直接经济损失 2.5 亿元。

——2008 年 9 月 8 日,山西省临汾市新塔矿业有限公司尾矿库发生特别重大溃坝事故,277 人死亡,4 人失踪,33 人受伤,直接经济损失 9600 多万元。

——2013 年 11 月 22 日,位于山东省青岛市经济技术开发区的中石化东黄输油管道泄漏爆炸,造成 62 人死亡,136 人受伤,直接经济损失 7.5 亿元。

从以上事故案例可以看出,仅仅物质财富的损失就已经十分巨大了,而这还只是直接经济损失;如果加上间接经济损失,总的损失将更大。为了企业的发展壮大,就必须将安全生产当作企业生产的第一需求。

企业安全生产状况容易受宏观环境的影响。近年来我国经济持续快速增长,能源原材料和交通运输市场需求旺盛,企业扩大生产规模的冲动强烈,工厂矿山超能力、超强度、超定员生产,交通运输超载、超限、超负荷运行现象比较普遍,事故隐患和安全风险增加,导致新建改扩建煤矿、危险化学品生产运输、道路交通事故多发。

企业安全生产状况同职工素质密切相关。随着工业化、城镇化进程加快，农民工已经成为许多高危行业生产的一线主力。据国家安全生产监督管理总局对 9 省（区）的抽样调查，在煤炭、金属和非金属矿山、危险化学品、烟花爆竹 4 个行业的从业人员中，农民工占 56%，其中煤矿为 49%，非煤矿山为 66.3%，危险化学品生产企业为 33.7%，烟花爆竹企业为 96%。另据调查，全国 3000 万建筑施工队伍中，约 80%是农民工。农民工中文盲与半文盲占 7%，小学文化占 29%，高中以上占 13%。近年来高危行业发生的伤亡事故，约 80%发生在农民工较为集中的小煤矿、小矿山、小化工厂、烟花爆竹小作坊和建筑施工包工队。加强对这类企业农民工的安全培训，已经成为控制和减少生产事故发生的当务之急。

抓好安全生产，是企业履行社会责任的必然要求。

企业社会责任是国际通行的企业道德准则。在经济全球化发展的背景下，衡量企业竞争优势的标准已经发生变化，成本、质量等传统的标准已经成为最基本、最平常的标准，而社会责任则成为企业在市场竞争中取得优胜的重要条件。近年来，在联合国的倡议下，一些跨国公司纷纷发布社会责任报告，出现了企业履行社会责任的全球性趋势。

2006 年 10 月 11 日，党的十六届六中全会通过的《中共中央关于构建社会主义和谐社会若干重大问题的决定》指出："增强公民、企业、各种组织的社会责任。"对企业履行社会责任提出了明确要求。

2007 年 12 月，国务院国有资产管理委员会印发《关于中央企业履行社会责任的指导意见》，要求"把保障企业安全生产、维护职工合法权益、帮助职工解决实际问题放在重要位置。"《意见》指出："保障安全生产，严格落实安全生产责任制，加大安全生产投入，严防重特大安全事故发生。建立健全应急管理体系，不断提高应急管理水平和应对突发事件能力。为职工提供安全、健康、卫生的工作条件和生活环境，保障职工职业健康，预防和减少职业病和其他疾病对职工的危害。”

抓好安全生产，关系到企业的经济效益，关系到企业的社会责任和社会形象，关系到企业的生死存亡，是企业必须高度重视的头等大事。正如1995年7月24日，中共中央政治局委员、国务院副总理吴邦国在全国安全生产工作电话会议上所指出的：“加强企业管理的一项重要内容就是要保护劳动者的安全与健康，保护国家财产不受或少受损失。因此，国家不允许，企业也不应该忽视安全生产工作……我们强调，企业管理要以提高产品质量、提高经济效益为中心，但这丝毫不意味着可以忽视安全生产。如果发生事故，造成生命财产的损失，正常的生产秩序被打乱，这哪里还谈得到经营和效益的提高？从这个意义上说，搞好安全生产工作也就是为了提高企业的经济效益，也是为企业的改革和发展做出贡献。”

吴邦国还强调指出：“现代化企业如果忽视安全生产，一旦发生事故，较之传统企业发生的事故规模更大，危害更严重，经济损失也巨大。”

社会主义的根本任务就是发展社会生产力，就是要使社会财富越来越多地涌现出来，不断地满足人民日益增长的物质和文化需求，这当中企业担负着十分重大的使命和职责。

2012年9月，国家统计局发布报告指出，2003年到2011年，我国规模以上工业增加值年均增长15.4%；2003年到2010年，工业对国民经济增长的年均贡献率超过45%，是拉动国民经济平稳较快发展的重要动力。

为了更好地促进社会生产力的发展，为了创造更多的社会财富，作为工业经济的现实主体，抓好安全生产就成为企业的第一需求。

## 第三节　社会进步第一追求

社会主义社会是以经济建设为重点的全面发展、全面进步的社会，而不是单纯追求经济增长，更不是单纯追求GDP的增长，而是在经济发展的基础上实现社会全面进步，增进全体人民的福利。

推动社会全面进步，必须努力提高经济效益，不断夯实物质基础，这就离不开安全生产。

经济效益或经济效果是我国社会主义现代化建设的核心问题。只有不断提高经济效益，以较少的劳动消耗和劳动占用，生产出更多的符合社会需要的产品，增加社会物质财富，才能实现不断满足全体社会成员日益增长的物质文化需求的目的，社会全面进步也才会有坚实的物质保障。

经济效果的类型很多，但是却有一个共同的最一般的表现形式，就是：

$$\text{经济效果}=\frac{\text{成果}}{\text{劳动消耗}}$$

从这个公式可以看出，讲求经济效果，就要用同样多的劳动消耗，获得最大的成果；或者用最少的劳动消耗，取得同样多的成果。

经济最本质的含义是节约。一切节约归根到底是劳动时间的节约。讲求经济效果，就是要节约劳动时间。马克思曾经引用大卫·李嘉图的话说：**“真正的财富在于用尽量少的价值创造出尽量多的使用价值，换句话说，就是在尽量少的劳动时间里创造出尽量丰富的物质财富。”**（《马克思恩格斯全集》，第26卷Ⅲ，人民出版社，1972年版，第281页）提高经济效果，意味着单位产品劳动消耗的节约，因而在社会总劳动量为既定时，就可以生产出比以前更多的产品和财富。

从前面经济效果的一般表现形式也就是它的计算公式可以看出，要提高经济效果，必须从两方面下功夫，要么增加劳动成果，要么减少劳动消耗，这又是同安全生产分不开的。

如果没有安全，劳动成果即生产的产品无法保全，将在事故中被损毁，不仅无法满足社会和人民群众的需求，而且还要再耗费人力物力处置这些事故废弃物。由于发生事故，劳动成果不仅不能增加，还会减少。

如果没有安全，劳动消耗即生产的成本将大大增加。无论是劳动资料、劳动对象还是劳动者，在生产事故中受到伤害，生产将会中断，同时还要组织进行抢救工作，在恢复生产之前劳动成果是零，而各种费用、开支将大幅增加。

可见，如果没有安全，必然导致劳动成果减少、劳动消耗增加，经济效果不仅不会提高，反而会因此降低。无论是某个具体的生产企业，还是现代化的工业生产系统，乃至整个社会，都是如此。

推动社会全面进步，必须倍加珍惜和节约时间——无论是创造物质财富还是创造精神财富，都少不了时间，这就离不开安全生产。

马克思对节约时间十分重视，并将节约劳动时间等同于发展生产力。他指出：**“无论是个人，无论是社会，其发展、需求和活动的全面性，都是由节约劳动时间来决定的。一切节省，归根到底都归结为时间的节省。”**（《马克思恩格斯列宁斯大林论共产主义社会》，人民出版社，1958 年版，第 67 页）**“劳动生产力提高了，那么，劳动用较少的时间就可以生产出同样的使用价值。劳动生产力降低了，那么，为生产出同样的使用价值就需要更多的时间。”**（《政治经济学批判》，人民出版社，1957 年版，第 11 页）**“真正的节约（经济）＝节约劳动时间＝发展生产力。”**（《政治经济学批判大纲》（草案），第 1 分册，第 364 页）

正确认识时间，有效利用时间，对于我们的国家、我们的事业以及我们每一个人来说，具有特殊的重要意义。2000 年 3 月 11 日，中共中央政治局常委、全国政协主席李瑞环在全国政协九届三次会议闭幕会上指出：“当今世界正在发生着人类有史以来最为迅速、广泛、深刻的变化。以信息技术为代表的科技革命突飞猛进，知识与技术更新周期大大缩短，科技成果以前所未有的规模与速度向现实生产力转化。经济全球化趋势加快，世界市场对各国经济的影响更加显著，国际竞争与合作进一步加深。思想观念不断更新，各种文化交流日益扩大，开放意识、竞争意识和效率意识明显增强。可以说，地球越来越小，发展越来越快，慢走一步，差之千里；耽误一时，落后多年。从当前世界发展的大局大势来审视我们自己，中国同过去比确有很大进步，但与发达国家比还有较大的差距，要赶上发达国家，任务十分艰巨。特别是，我们发展别人也在发展，而且是在更高的起点上发展。我们再不能丢失时间，时间对我们实在太紧迫了！"

世界上任何事业的发展、任何个人的成长都离不开时间，时间就是生命、时间就是效率、时间就是胜利、时间就是财富，早已成为生活常理。正是时间的唯一性——时不再来、时不我待，决定了时间的珍贵性。因此，珍惜时间就等于珍惜生命、珍惜财富，反之，浪费时间就等于浪费生命、浪费财富。

然而，一旦发生生产安全事故，其对时间的占用和耗费不仅是巨大的，而且是长久的，而这方面的损失至今还没有得到社会各界的普遍重视，包括《企业职工伤亡事故经济损失统计标准》也没有计算时间方面的损失。而从以下事故案例中，我们可以清晰地看到发生安全事故后，时间被大量占用的状况。

——1989 年 8 月 12 日，山东省青岛市黄岛油库遭到雷击起火爆炸。为扑灭大火，在整个救援工作中青岛市组织动员党政军民 1 万余人全力以赴抢险救灾；中共中央总书记江泽民三次给青岛打电话询问灾情，国务院总理李鹏在火灾发生后第二天乘飞机赶赴青岛指挥抢险工作。在国务院的统一组织下，全国各地紧急调运 153 吨泡沫灭火液及干粉；北海舰队派出消防救生船和水上飞机、直升飞机参与灭火，抢运伤员。在各方共同努力下，大火终于被扑灭了，有 19 人死亡，100 多人受伤，直接经济损失 3540 万元。如果没有发生这场事故，青岛市的 1 万余人以及全国各地相关人员将原本用在扑灭大火上的时间用于生产、科研等活动，能够创造出多少产品和财富啊！

——1993年8月5日，广东省深圳市清水河危险化学品仓库发生特大爆炸火灾事故。为扑灭大火，广东省调动9个市各种消防车132辆、1100多名消防员投入灭火战斗，深圳市组织上千名消防、公安、武警、解放军战士以及医务人员参加抢险工作。在各方共同努力下，终于扑灭了这场大火，事故造成15人死亡，200多人受伤，直接经济损失2.5亿元。如果没有发生这场事故，投入抢险救灾的数千人的时间就可以节省下来能够创造大量财富。

——2004年2月15日，重庆市天原化工总厂发生氯气泄露，16日又发生爆炸，大量氯气向四周扩散。事故发生后，重庆市立即疏散化工厂一公里范围内的15万名群众。18日18时30分，重庆市政府下达命令，被疏散的群众开始返家。且不说抢险人员为消除险情所花费的时间，只算一下15万名被转移群众因为这起事故牵连而被影响的时间，就是一个天文数字。

——2008年11月12日凌晨，京珠高速公路来阳段被浓雾笼罩，能见度很低。7时许，一辆大货车侧翻，横卧在高速公路路面，短短几分钟时间，后续车辆由于躲避不及，30多辆车相继发生碰撞，致使京珠高速公路由南向北交通被迫中断。事故导致交通中断了5个小时，到中午12时交通才恢复正常，无数辆车中无数人的时间就因为这起交通事故而被白白浪费了。

以上这些事故发生后，所牵涉的人员还只是在局部范围内，还有一些重大事故发生后，影响的就不仅仅是局部范围而是全国范围，其耗费的时间更是一个天文数字。

推动社会全面进步，必须坚决维护和保障人权，这就离不开安全生产。

发展生产、繁荣经济，其最终目的都是为了人，是为了人的更好发展。经济社会发展，既是为了人，也要依靠人，而它的前提就是人的生命存在;没有这一根本前提,既谈不上依靠人,更谈不上为了人,正如马克思和恩格斯所说:**"任何人类历史的第一个前提无疑是有生命的个人的存在。"**(《马克思恩格斯选集》,第1卷,人民出版社,1972年版,第24页)因此,保障人的生命、保障人的生存,不仅关系到经济社会的持续发展,关系到人类文明的进步程度,更关系到人类自身的生存和发展;这不仅是经济社会发展的最大任务,更是劳动的首要前提。

为了保障人的生命安全,1948年12月10日,联合国大会通过了《世界人权宣言》,明确规定:"人人有权享受生命、自由和人身安全。"《宣言》部分条款如下:

**第一条**

人人生而自由,在尊严和权利上一律平等。他们赋有理性和良心,并应以兄弟关系的精神相对待。

**第二条**

人人有资格享有本宣言所载的一切权利和自由,不分种族、肤色、性别、语言、宗教、政治或其他见解、国籍或社会出身、财产、出生或其他身份等任何区别。

并且不得因一人所属的国家或领土的政治的、行政的或者国际的地位之不同而有所区别,无论该领土是独立领土、托管领土、非自治领土或者处于其他任何主权受限制的情况之下。

**第三条**

人人有权享有生命、自由和人身安全。

**第二十三条**

一　人人有权工作、自由选择职业、享受公正和合适的工作条件并享受免于失业的保障。

二　人人有同工同酬的权利,不受任何歧视。

三　每一个工作的人,有权享受公正和合适的报酬,保证使他本人和家属有一个符合人的生活条件,必要时并辅以其他方式的社会保障。

四 人人有为维护其利益而组织和参加工会的权利。

**第二十四条**

人人有享有休息和闲暇的权利，包括工作时间有合理限制和定期给薪休假的权利。

人权是历史的产物，是17、18世纪欧洲资产阶级在反对封建专制的斗争中提出来的。为了否认和对抗当时被认为神圣不可侵犯的神权、君权和等级特权，资产阶级思想家和政治家举起了天赋人权的旗帜。他们断言，每个人都是天生自由、平等、独立的，生命、财产、自由、平等以及反抗压迫等等是不可剥夺的自然权利；放弃或剥夺这种权利，就是放弃或剥夺人的做人资格，是违反人性的。

1776年美国《独立宣言》第一次将"天赋人权"写进资产阶级革命的政治纲领，该《宣言》宣称："人人生而平等，他们都从'造物主'那里被赋予了某些不可转让的权利，其中包括生命、自由和追求幸福的权利。"1789年法国大革命期间通过的《人权和公民权宣言》，则第一次将"天赋人权"写进了国家的根本大法。它宣布："在权利方面，人们生来是而且始终是自由平等的。"此后，各国资产阶级在夺取政权后，相继将人权写入宪法。

我国对人权的认识有一个过程，2004年3月召开的全国人民代表大会十届二次会议通过的《中华人民共和国宪法》(以下简称《宪法》)修正案，将"国家尊重和保障人权"正式载入《宪法》，使尊重和保障人权由政策主张上升为国家的法律规定，成为我国社会主义建设的奋斗目标之一。2009年4月发布的《国家人权行动计划(2009—2010年)》明确指出："实现充分的人权是人类长期追求的理想，也是中国人民和中国政府长期为之奋斗的目标……中国政府坚持以人为本，落实'国家尊重和保障人权'的宪法原则，既尊重人权普遍性原则，又从基本国情出发，切实把保障人民的生存权、发展权放在保障人权的首要位置，在推动经济社会又好又快发展的基础上，依法保证全体社会成员平等参与、平等生活的权利。”

人权大致上可以分为人的基本权利、公民权利、人应当享有的一切权利这三个层次；其中在人的基本权利中，生存权、发展权又是最根本、最重要的人权，是享有其他人权的前提。

尊重和保障人权，就必须首先尊重和保障人的生命权，保障人的生命安全不受危害或威胁，这是保障人权最基本的要求，这在我国政府发布的相关文件中都有明确阐述。

1991 年 11 月发布的《中国的人权状况》指出：“中国十分注意劳动保护。全国已制定 29 类共 1682 项有关的法规和规章。有 28 个省、自治区、直辖市制定了劳动保护方面的地方性法规。全国已颁布了有关职业安全卫生国家技术标准 452 项。中国建立了劳动安全卫生监察体系，实行国家监察制度，包括劳动安全、劳动卫生、女工保护、工作时间与休假制度等。现在，中国已设立劳动监察机构 2700 多个，监察人员达 3 万余名。监察机构的职责是，对企业及其主管部门的劳动安全卫生工作条件进行监察，促使企业不断改善劳动条件。中国对劳动保护实行‘安全第一，预防为主’的方针，采取国家监察、行业管理、群众监督相结合的办法。”

2009 年 4 月发布的《国家人权行动计划(2009—2010 年)》指出：“落实安全生产法，坚持‘安全第一、预防为主、综合治理’的方针，加强劳动保护，改善生产条件，亿元国内生产总值生产安全事故死亡率比 2005 年降低 35%，工矿商贸就业人员 10 万人生产安全事故死亡率比 2005 年降低 25%。”

2012 年 6 月发布的《国家人权行动计划(2012—2015 年)》指出：“实施安全生产战略。加强安全生产监管，防止重特大事故发生……到 2015 年，交通运输、建筑施工等行业领域以及冶金等 8 个工贸行业规模以下企业均实现安全标准化达标。各类安全生产事故死亡人数以及较大、重大和特别重大事故起数均明显下降。”

2013 年 5 月发布的《2012 年中国人权事业的发展》指出：“保障

人民生活和生产安全……国家着力解决制约安全生产的突出问题和深层矛盾，安全生产法规政策体系不断完善。颁布了多项安全生产标准，严厉打击非法违法生产、经营、建设行为，深入治理违规违章行为，持续开展安全生产年活动，不断深化隐患排查治理。2012年，全国查处无证和证照不全从事生产经营、建设等各类非法违法行为144万起，违规违章行为305万起。平均每年培训高危行业主要负责人、安全管理人员和特种作业人员500多万人次，农民工1300万人次，煤矿班组长13万人。安全生产事故起数和死亡人数持续下降。”

无论是人为责任事故还是自然因素引发的事故，导致人员伤亡、财产受损，都是我们国家和社会的共同损失，都是对不幸伤亡者人权的侵害，只有认真抓好安全生产工作，使劳动者和其他群众生命安全得到有效保障，使他们能够安全地生产劳动和平安地生活，才是真正维护他们的人权。

推进社会全面进步，就是要坚持以经济建设为中心，促进经济社会各方面相互协调，共同进步。我们既要关注发展的规模和速度，也要关注发展质量的提升；既要关注财富的创造和涌流，也要关注社会利益的分配和调整；既要关注经济实力的增长，也要关注经济、政治、文化、社会、生态等各方面的均衡发展；既要关注开发和利用自然为人类造福，也要关注人与自然和谐发展；既要关注群众基本要求的满足，也要关注生活质量的提高和人的全面发展。所有这些，都离不开安全生产。

只有实现安全生产，才有发展规模的扩大、发展速度的加快和发展质量的提升，才有社会财富的充分涌流和社会利益的合理分配，才有经济、政治、文化、社会、生态等各方面的均衡发展，才有自然资源的高效开发利用和人与自然的和谐发展，才有广大人民群众基本需求的充分满足、生活质量的不断提高和人的全面发展。由此，安全生产就成为社会进步的第一追求。

# 第四节 个人成长第一诉求

安全生产不仅是经济建设第一要求、企业生产第一需求、社会进步第一追求，更是个人成长第一诉求。

马克思、恩格斯指出：**"任何人类历史的第一个前提无疑是有生命的个人的存在。"**(《马克思恩格斯选集》，第1卷，人民出版社，1972年版，第24页)可见，人是人类社会之本，人也就成为经济社会发展的根本目的。

2003年10月召开的党的十六届三中全会明确指出："坚持以人为本，树立全面、协调、可持续的发展观，促进经济社会和人的全面发展。"

坚持以人为本，将人的全面发展作为经济社会发展的出发点和归宿，是对人类发展规律认识的一次飞跃。随着经济的发展、社会的进步和生活的改善，人们越来越深刻地认识到，促进经济社会的发展，不仅是物质财富的积累，更重要的是实现人的全面发展；发展经济的目的，不仅是为了满足人民日益增长的物质文化的需要，而且还应包括满足人民生命安全和身体健康的需要、人的全面发展的需要。离开人，经济社会发展将既没有目标，也没有动力。因此，安全也就成为个人成长发展的第一诉求。

要实现人的平安成长和安全发展，首要的就是抓好学生安全教育和防护。

有关专家指出，对于一个社会来说，安全教育最重要的环节在学校，特别是中小学时期，因为成人以后很难有机会再接受系统的安全教育。再从为我国社会主义现代化建设事业培养合格建设者的角度看，加强在校学生的安全教育，对于提高社会公民安全素质将起着巨大的促进作用。

孩子是世界的未来，是家庭的希望，是应当受到特别关爱的一个社会群体。但由于年龄和经历的限制，广大未成年人的安全意识、安全知识和自我保护能力都存在很大欠缺，每天都在经受巨大的伤害。

为了保护好少年儿童，1989 年 11 月 20 日，第 44 届联合国大会通过了《儿童权利公约》；从 1990 年开始，联合国将 11 月 20 日确定为“国际儿童日”并举办相应纪念活动。《儿童权利公约》第六条明确规定：“缔约国确认每个儿童均有固有的生命权。缔约国应最大限度地确保儿童的存活与发展。”到 2009 年，《儿童权利公约》已经得到 193 个国家的批准，成为获得批准国家数量最多的人权条约，它改变了全世界人们看待和对待儿童的方式。

但与此同时，由于这个群体的弱小无力，使他们在安全和健康方面受到了许多损害。联合国儿童基金会发布的《2008 年世界儿童状况报告》估计，全世界每年有 970 万名儿童死亡，其中约有 41 万名在中国。基金会指出，全球平均儿童死亡率为每千人有 72 人。

2008 年 12 月，世界卫生组织和联合国儿童基金会发布《世界预防儿童伤害报告》指出，世界各地每年有数以千万计受伤儿童就医，往往留下终生残疾，平均每天有 2000 多名儿童死于非故意或意外伤害。

我国少年儿童受到意外伤害的情况也让人十分担忧，其中又以溺水和交通事故最为严重。2007 年 3 月，教育部就 2006 年全国中小学安全事故总体形势发布分析报告，对中小学生安全事故状况进行了详细分析。

2006 年，全国各省、自治区、直辖市上报的中小学校各类安全事故中，事故灾难（溺水、交通、踩踏、一氧化碳中毒、房屋倒塌、意外事故）占 59%，社会安全事故（斗殴、校园伤害、自杀、住宅火灾）占 31%，自然灾害（洪水、龙卷风、地震、冰雹、暴雨、塌方）占 10%。其中，溺水占 31.25%，交通事故占 19.64%，斗殴占 10.71%，校园伤害占 14.29%，中毒占 2.68%，学生踩踏事故占 1.79%，自杀占 5.36%，房屋倒塌占 0.89%，自然灾害占 9.82%，其他意外事故占 3.57%。

从整体上看，2006 年全国各地上报的各类中小学校园安全事故中，61.6%发生在校外，主要以溺水和交通事故为主，两类事故发生数量占全年各类事故总数的 50.89%，造成的学生死亡人数超过了全年事故死亡总人数的 60%。其中，交通事故导致受伤人数最多，占全年受伤总人数的 45.74%。溺水事故发生的主要原因是中小学生安全意识淡薄，暑期和节假日到非游泳区域游泳导致事故发生。交通事故发生的主要原因是驾驶员违规驾驶。

《报告》对 2006 年中小学安全事故的特征也进行了分析，主要表现为以下几方面：第一，农村是校园安全事故多发地区。第二，低年级学生更容易发生安全事故。全国各地上报的各类中小学校园安全事故中，43.75%发生在小学，34.82%发生在初中，9.82%发生在高中。第三，校园伤害事故增多。第四，节假日是事故多发期。暑假和周末等节假日及其前后是溺水、自杀等事故的集中多发期。第五，事故多发地点主要集中在上下学路上、江河水库和学校及周边。第六，学生安全意识淡薄是多数事故发生的重要原因。全国各地上报的各类安全事故中，10%是因自然灾害等客观原因导致事故发生，造成的学生死亡人数占总数的 10.84%；90%属其他各类安全责任事故，造成的学生死亡人数占总数的 89.16%。

针对中小学生的安全状况，教育部制定和实施了多项措施，一是重点加强农村地区中小学安全工作，加大农村教育投入，积极改善农村中小学办学条件。二是贯彻落实《中小学生公共安全教育指导纲要》，针对不同年龄阶段学生的认知特点，开展形式多样的安全教育，使他们尽早养成自觉遵守安全规范的良好习惯。三是做好学生上下学路上的安全保障工作。四是加强对中小学校长和教师的安全培训工作。五是加强学校内部管理，落实各项安全防范措施。六是深入贯彻《义务教育法》、《未成年人保护法》和《中小学幼儿园安全管理办法》，提高依法做好学校安全工作的水平。

尽管做了大量工作，但受多方面因素影响，在校学生的安全保障形势依然严峻，同样的事故在不同的时间、地点和不同的学生身上重复发生，令人心痛不已。每年暑假期间都有大量学生因游泳身亡，就可以看出中小学生安全防护上存在多么大的漏洞和隐患，2012 年暑假甚至出现了在同一天在三个不同地方同时发生学生溺水事故的现象。对此，教育部办公厅印发紧急通报，要求全国各地的教育部门有针对性地做好防止学生溺水的工作。紧急通报全文如下：

## 教育部办公厅关于<br>山东湖南黑龙江三起中小学生溺亡事故的紧急通报

各省、自治区、直辖市教育厅(教委)，新疆生产建设兵团教育局：

2012 年 6 月 9 日，山东省莱芜市莱城区杨庄中学 7 名初三学生结伴在莱芜汇河下游游泳时溺水身亡；湖南省邵阳市隆回县桃洪镇文昌村 5 名小学生在桃洪镇竹塘村向家山塘游泳时溺水身亡；黑龙江省哈尔滨市呼兰区方台镇 7 名学生在松花江边游玩时，4 人溺水身亡。同一天中 16 名学生溺水死亡，令人十分痛心。

需要注意的是，今年以来的中小学生溺水死亡事故，多发生在周末、节假日或放学后；多发生在农村地区；多发生在无人看管的江河、池塘等野外水域；多发生在学生自行结伴游玩的过程中，有的是结伴下水游泳溺亡，有的是为救落水同伴致多人溺亡；多发生在小学生和初中生中，男生居多。

学生生命安全高于一切。各地各校要认真贯彻落实《教育部办公厅关于预防学生溺水事故切实做好学生安全工作的通知》(教基一厅〔2012〕7 号)要求，全面而有针对性地做好防止学生溺水的各项工作。针对当前问题，现补充要求如下：

一、立即召开专门会议。通报近期中小学生溺水事件，对进一步做好防止学生溺水工作进行部署。省级教育行政部门召开会议要覆盖所有地市、区县和每一所中小学校；每一所学校要开会传达会议精神到每一个老师、每一名学生及其家长。

二、立即组织印发《致家长的一封信》。各级教育部门要组织、指导、督促每一所中小学校给每一名学生家长印发《致家长的一封信》，通报最近发生的中小学生溺水事件，告知家长必须承担起监护人责任，切实增强家长的安全意识和监护意识。特别要提醒、督促家长在暑期、节假日、周末和放学后加强对学生的安全教育和监管，坚决避免溺水等安全事故的发生。

三、立即开展全面排查。各地要就贯彻落实教基一厅〔2012〕7号文件的情况立即部署开展检查。要细化检查内容，突出检查重点，及时整改隐患。通过检查，要达到强化安全意识，落实防范措施，消除安全隐患，防止溺水事故的目的。请于6月20日前将贯彻落实和检查整改的情况报我部。

**教育部办公厅**

**二〇一二年六月十日**

近年来，随着我国机动车数量的快速增长，交通事故的风险也在增加，由于中小学生缺乏交通安全保护意识所引发的伤害呈现上升趋势，这已成为中小学生非正常死亡的一个主要原因。请看报道：

## 交通事故：未成年人“头号杀手”

**本报北京11月6日电(实习生杨婷)**　中国关心下一代工作委员会昨天在北京启动“全国中小学生交通安全教育活动”。中国关工委主任顾秀莲以及中央、国家机关有关部委负责人出席了启动仪式。

据不完全统计，交通事故和溺水造成的学生死亡人数超过了全年学生事故死亡总人数的60%，而且交通事故伤亡的数量呈逐年上升趋势，全国每年有两万多名中小学生因交通事故伤残、死亡。交通事故已成为未成年人的头号“杀手”。

全国中小学生交通安全教育办公室主任张明介绍说，此次活动将分别以交通安全知识巡展、交通安全教育巡展、“关爱孩子平安出行万名驾驶员爱心签名”等方式在全国开展，同时配合电影、话剧、网络、电视等宣传，以青少年喜闻乐见的多种形式进行推广，以求从社会各个层面影响并改善我国中小学生交通安全现状。

全国中小学生交通安全教育活动将借鉴“小黄帽，路队制”在北京的先进工作经验，在全国范围内推广佩戴新型“小黄帽”，最大限度减少中小学生交通事故发生率。同时，活动以减轻家庭和社会经济负担为原则，将保险、急救、医疗机构三方引入中小学生交通事故救治方案中。

**原载 2010 年 11 月 7 日《中国青年报》**

中小学生未成年人的交通行为存在着明显的差异，一是活泼好动，自控力差；二是好奇心和好胜心强，喜欢冒险；三是法制观念和安全意识淡薄；四是交通活动行为频繁，在特定的时间和路程人数众多。正是这些行为特点，很容易成为交通事故的隐患。

据统计，我国每年有近 2 万名 14 岁以下儿童死于道路交通事故，儿童因交通事故的死亡率是欧洲的 2.5 倍，是美国的 2.6 倍。

为了增强中小学生交通安全意识，减少中小学生交通安全事故的发生，2010 年 11 月 5 日，由中国关心下一代工作委员会主办的全国中小学生交通安全教育活动在北京人民大会堂正式启动，提出中小学生交通安全要引起各部门和全社会的高度重视，要加强中小学生安全教育，培养中小学生交通安全意识，把交通安全工作落到实处。启动仪式上还披露，全国中小学生交通安全教育活动将分别以交通安全知识巡展、交通安全教育巡讲、“关爱孩子平安出行万名驾驶员爱心签名”、“关心下一代、安全促和谐”文艺演出等方式在全国开展，同时配合电影、话剧、网络、电视等媒体宣传，以青少年喜闻乐见的多种形式进行推广，并将深入全国各省、市及区县。活动参与者主要为中小学生及家长、教师、交警、各类交通参与者等人群，涉及地域广泛，影响人数众多，活动将努力从社会的各个层面影响并改善我国中小学生交通安全现状。

要实现人的全面发展，必须保证劳动者在工作、生活中的安全健康。

《国际劳工组织职业安全与卫生全球战略》指出："从人受到的痛苦和相关的经济损失来看，职业事故和职业病以及重大工业灾难的全球影响的幅度，始终是在工作场所、国家和国际级别引起关注的一个长期根源。尽管为在所有级别就这一问题达成协议作出了重大的努力，国际劳工组织估计每年死于与工作相关事故和疾病的工人数目仍超过200万人，而且全球的这一数目正在上升。自国际劳工组织于1919年创立以来，职业安全与卫生始终是一个中心问题，并继续是实现体面劳动议程目标的一个基本要求。"

该《全球战略》特别强调："有必要使职业安全与卫生在国际、国家和企业级别享有高度优先权。"

按照国际劳工组织的估计，"每年死于与工作相关事故和疾病的工人数目仍超过200万人，而且全球的这一数目正在上升"，是什么原因导致了这一严峻形势呢？从根本上讲，就是因为如今的工业生产是一种风险生产，以机器和机器体系为手段的现代生产本身，时时刻刻充满着各种风险和隐患，并导致了生产安全事故和职业病的不断发生，这就使人类在通过机器进行生产劳动、创造财富价值的同时，又付出了人员伤亡和财富损失的巨大代价。

然而，风险生产仅仅是我们所面临的风险世界的一个部分；如今，整个社会已经成为一个风险社会，无论是来自社会领域还是来自自然领域的风险，都可以说是无时不有、无处不在、无人不遇、无事不含，没有人能够完全躲避。

在如今风险社会，每个人每天都面临着种种风险，区别只是大小和多少不同，而没有有无之分；当然，风险最大、最多和最严重的仍然是在工厂企业当中，这是机器化和工厂化生产所决定的。这就给我们每个人提出了一个重大课题：应当怎样防范和消除风险，而对于在工厂企业工作的广大劳动者来说，这一课题更是有重要性、紧迫性和现实性。

正如《匈牙利职业安全卫生国家计划(2001)》所指出的："人类生存环境中，工作环境是最危险的，比其他的环境风险至少高1至3倍。"而实际上，工作场所的危险程度是不一样的，不同的工作环境之间的危险程度相差很大。

各国历史经验表明，安全生产具有比较明显的行业特征。相比其他行业，采掘业、建筑业属于安全生产高风险行业，特别是采掘业生产事故死亡率比行业平均水平高得多，少则2～3倍，多则10倍以上。

不同的生产行业、不同的工作环境，其中的危险程度是不一样的，甚至相差很大，但都比生活环境的危险程度高出很多，这就提醒我们，只要进入工作环境和工作场所，就必须高度重视安全工作，尽全力保护好自己；而对于广大劳动者来说就要努力做到"四不伤害"：不伤害自己、不伤害他人、不被他人伤害、不让他人受伤害。

实现劳动者的安全成长和发展，只注意在生产劳动中的安全是远远不够的，还应当进一步将安全意识和安全技能应用于日常生活当中。同生产劳动中的隐患相比，日常生活中的风险隐患分布更加广泛、涉及人数更多，而且其原因和形式多种多样，令人难以防范，必须引起全社会的足够重视。从以下造成人员伤亡的事故事件中，就可以看出日常生活当中风险危害分布之广、造成损失之大。

**——建筑物坍塌**

2006年1月28日，波兰西南部卡托维茨国际博览会一座展厅顶部发生坍塌，造成63人死亡，140多人受伤。

2013年4月24日，孟加拉国首都达卡制衣厂大楼倒塌，造成1127人死亡。

2013年11月21日，拉脱维亚首都里加约马克西姆超市房顶坍塌，造成54人死亡。

**——商场火灾**

1994年11月27日，辽宁省阜新市艺苑歌舞厅火灾，死亡233人。

2000年12月25日，河南省洛阳市东都商厦火灾，导致309人死亡。

2008年9月20日，广东省深圳市舞王俱乐部火灾，死亡44人。

**——影剧院火灾**

1960年11月23日，叙利亚阿莫德戏院发生火灾，死亡200人。

1961年12月17日，巴西尼泰罗伊市大剧院发生火灾，死亡223人。

1997年6月13日，印度新德里乌巴哈尔电影院发生火灾，死亡55人，200余人受伤。

**——烟花爆竹燃放事件**

2009年2月9日晚21时许，北京市中央电视台在建的新台址园区文化中心，由于大型礼花焰火燃放而引发大火，造成直接经济损失1.63亿元。

2009年12月5日，俄罗斯彼尔姆边疆区首府彼尔姆“腐腿马”夜总会燃放烟花，引发火灾，引起人们的恐慌，继而引起人群拥堵踩踏，酿成惨剧，造成111人死亡，130多人受伤。

2013年1月27日凌晨，巴西圣玛利亚市一家酒吧正在表演的乐队为了营造氛围，在店内使用焰火进行表演，引燃隔音泡沫墙面，从而引发大火，造成233人死亡，住院治伤106人。

**——就餐处爆炸**

2011年11月14日，陕西省西安市一家处于公寓一层的肉夹馍小吃店，因液化气罐泄漏引发爆炸，导致10人死亡，36人住院治疗。

2012年11月23日，陕西省寿阳县一家火锅店发生爆炸燃烧事故，14人死亡，47人受伤，其中11人为重伤。

2013年6月11日，江苏省苏州市一家燃气公司生活区办公楼食堂发生爆炸，20 人被埋，其中 11 人抢救无效死亡，其余 9 人经抢救无生命危险。

**——游泳玩水淹溺死亡**

2012 年 6 月 9 日，山东省莱芜市莱城区杨庄中学 7 名初三学生结伴在莱芜汇河下游游泳时溺水身亡；湖南省邵阳市隆回县桃洪镇文昌村 5 名小学生在桃洪镇竹塘村向家山塘游泳时溺水身亡；黑龙江省哈尔滨市呼兰区方台镇 7 名学生在松花江边游玩时，4 人溺水身亡。在同一天中，不同的地方有 16 名学生溺水死亡，令人十分痛心。

2013 年 6 月 26 日，江西省南昌市红谷滩新区生米镇文青村三兄妹在村口池塘边玩耍时溺水身亡。

**——踩踏事件**

2010 年 11 月 22 日，柬埔寨首都金边钻石岛桥梁发生踩踏事件，导致 347 人死亡。

2011 年 1 月 14 日，印度喀拉拉邦发生踩踏事件，导致 104 人死亡。

**——城市路面塌陷**

2012 年 4 月 1 日，北京市北礼士路人行道突然塌陷，一名女子坠入滚烫的水坑中，全身被烫伤，不幸身亡。

2013 年 5 月 20 日，广东省深圳市龙岗区 5 名下夜班的员工坠入 3 米多深的塌陷坑中，不幸身亡。

**——人为纵火案件**

2009 年 6 月 5 日，四川省成都市一辆公交车在行驶过程中，因人为纵火，导致 27 人死亡，74 人受伤。

2013 年 6 月 7 日，福建省厦门市一辆公交车在行驶过程中，因人为纵火，导致 47 人死亡，34 人因伤住院。

**——自然灾害**

2011 年 1 月 11 日至 12 日，巴西里约热内卢州普降大雨，在北部山区引发山洪和泥石流，造成 483 人死亡。

2012 年 7 月 21 日，北京特大暴雨导致 190 万人受灾，77 人遇难。

2012 年 10 月 29 日至 30 日，飓风“桑迪”在美国东部海岸登陆，导致 100 余人死亡，并造成 300 多亿美元的经济损失。

2014 年 7 月 25 日，湖南省道县营江街道辖区营江大洞区域发生雷击事件，导致 3 人死亡，1 人受伤。

正因为现代社会是一个风险社会，风险隐患无时不有、无处不在，给人的平安成长和发展带来重大威胁，尤其是在工作环境中更为突出，这就更加凸显安全的宝贵和难得。确保安全生产，以及在日常生活中注意安全，理所应当就成为人的成长发展的第一诉求。

安全生产成为经济建设第一要求、企业生产第一需求、社会进步第一追求、人的成长发展第一诉求，这是新形势下安全生产在我国经济建设和社会发展中的科学定位，这既是社会文明进步的要求，也是广大人民群众的呼唤，同时也是安全工作极端重要性的直接体现。

随着社会的不断进步，工业化、城镇化、市场化的加快，同以往相比，如今的安全生产工作的内涵已经发生了重大变化，它突破了时间、空间、职业和人员等限制，广泛存在于人们生产活动和日常生活全过程，成为一个复杂多变的社会问题在安全领域的集中反映，并成为制约我国经济社会科学发展的严重瓶颈。

“四个第一”的科学定位，大大丰富了“安全第一”的内涵，摆正了安全生产的位置，为抓好安全生产、实现长治久安提供了科学的理论依据和强大的精神动力，是我们进行社会主义现代化建设必须始终坚持的。

# 第四章　四个保障——安全生产本质论

安全生产是当今社会一切生产和一切存在的源泉和保障，是人类世世代代共同的和永久的财产，是我们不能出让的生存条件和再生产条件。因此，无论是对经济发展、社会进步，还是对人的全面发展，安全生产都具有极端重要性。

然而，安全生产的这一重要性并没有被社会各方深刻认清。由于对安全生产工作重视不够，就导致对安全工作投入不足、措施不力，这又导致当前我国安全生产工作基础薄弱、重特大事故尚未得到有效遏制、生产安全事故易发多发等被动局面。

不只是中国，全世界也是如此。据国际劳工组织披露，全世界每年有200万人因工伤或因工染病而死亡，每年有160万人因工染病，工作中的致死或非致死的事故每年发生270万例，所导致的经济损失相当于每年世界生产总值的4％。

之所以会出现这样一种被动局面，一个重要原因就是全社会至今还对安全生产的本质认识不清。

安全生产的本质是什么呢？

安全生产的本质，就是通过物质、技术、教育、管理等方式方法和手段，消除安全风险隐患，改善生产作业条件，保障生产正常进行，保障人员安全健康，保障财富持续增加，保障社会全面进步。

正确认识和深刻把握安全生产的本质，对于我们做好安全生产工作能起到什么作用呢？

——把握安全生产的本质，能使我们认清实现安全生产的正确途径，就是通过物质、技术、教育、管理等方式方法和手段，消除安全风险隐患，改善生产作业条件。这样，在制定安全生产措施时，就更有针对性和实效性。

——把握安全生产的本质，能使我们充分认识安全生产的重大意义和广泛影响，就是保障生产正常进行、保障人员安全健康、保障财富持续增加、保障社会全面进步。这样，就能使社会各方特别是生产企业更加重视和支持安全生产工作，从而为安全生产的开展创造有利条件。

——把握安全生产的本质，能使我们站在经济社会全面发展的战略高度正确看待安全生产工作，努力凝聚政府、企业、社会等各个方面的最大合力，为整个社会的安全生产和安全发展提供最强大的正能量。

正确认识和深刻把握安全生产的本质，不仅是一个重大的理论问题，更是一个重大的实践问题。无数实践都一再证明，任何一项事业或工作的发展进步都应以思想进步为基础、为前提，安全生产也不例外。只有首先认清安全生产的本质，继而才能在实际工作中认识安全生产的特性，遵循安全生产的规律，开创我国安全生产的新局面。

## 第一节　保障生产正常进行

生产劳动是人类社会存在和发展的基础，是人类文明提高进步的保障。可以说，生产活动是人类最基本、最重要、最广泛的实践活动，是决定其他一切活动的因素。只有首先生产出吃、穿、住、用、行所需的各种物质产品，满足人们的基本生活需求之后，才谈得上从事政治、科学、教育、文化等其他社会活动。

对于生产劳动对人类社会的重要性，马克思有明确的论述，指出：**“一个社会不能停止消费，同样，它也不能停止生产。”**（《资本论》，

第1卷，人民出版社，1975年版，第621页）马克思还指出：**“任何一个民族，如果停止劳动，不用说一年，就是几个星期，也要灭亡，这是每一个小孩都知道的。”**（《马克思恩格斯选集》，第4卷，人民出版社，1995年版，第580页）

仅仅是为了生存，人类就已经离不开生产劳动，而要为了生存得更好、为了发展得更快，就更加离不开生产劳动了。

正是由于生产劳动，才使人类不仅拥有物质财富，而且拥有精神财富；不仅实现经济发展，而且实现社会进步；不仅能够认识自然，而且能够改造自然。由此可见，对于人类社会而言生产劳动究竟有多么重要。

生产劳动既然如此重要，保障生产劳动正常进行相应地也变得十分重要，尤其是安全生产更是不可缺少。如果没有安全生产作为保障，在生产劳动时发生事故，不仅会损坏劳动资料即机器设备、劳动对象，而且会导致劳动者的伤亡；不仅会终止产品的继续产出，而且会毁坏生产现场已经产出的产品，并摧毁后续生产能力；不仅不能增加社会财富，还会浪费社会财富。因此，抓好安全生产工作、保障生产正常进行，事关重大，事关全局，事关根本。

机器同工业及工业化的关系是相辅相成、互相促进的，正是有了机器，人类社会才有高度发达的工业，才有巨大的生产力，但正因如此，又使得现代生产随时随地充满了各种风险隐患，而这些风险隐患的进一步发展就是生产安全事故。为什么机器的广泛应用会导致这样一种后果，甚至如马克思所说**“这些机器像四季更迭那样规则地发布自己的工业伤亡公报”**（《资本论》第1卷，人民出版社，1975年版，第466—467页）呢？

机器固然有着种种优势，比如材料坚固、功率巨大、运转持久、生产范围广阔无比等，但是它同样也有着固有的缺陷和弱点，这些缺陷和弱点直接影响着安全生产状况。

第一，机器存在磨损，在达到一定程度时必然会影响安全生产。

马克思指出：**“机器的有形损耗有两种。一种是由于使用，就像铸币由于流通而磨损一样。另一种是由于不使用，就像剑入鞘不用而生锈一样。”**（《资本论》，第1卷，人民出版社，1975年版，第443页）

问题还不仅如此。马克思指出：**“机器的磨损绝不像在数学上那样精确地和它的使用时间相一致。”**（《资本论》，第1卷，人民出版社，1975年版，第443页）也就是说，随着使用年限的延长，机器磨损的程度肯定是越来越严重，但具体磨损状况并不是同使用年限保持严格的比例关系，这就给我们评估在用机器设备的完好程度、制定相应的生产事故预防措施造成了困难。

第二，机器必须定期清洁和维护才能保证其正常运转使用。

马克思指出：**“固定资本的维持，还要求有直接的劳动支出。机器必须经常擦洗。这里说的是一种追加劳动，没有这种追加劳动，机器就会变得不能使用；这里说的是对那些和生产过程不可分开的有害的自然影响的单纯预防，因此，这里说的是在最严格意义上把机器保持在能够工作的状态中……在真正的工业中，这种擦洗劳动，是工人利用休息时间无偿地完成的，正因为这样，也往往是在生产过程中进行的，这就成了大多数事故的根源。”**（《资本论》，第2卷，人民出版社，1975年版，第194页）

马克思在这里所说的“经常擦洗”，实际上是指定期清洁和保养维护。机器设备有它的运行规律，也有它的磨损和故障规律，只有了解掌握机器设备运行变化的规律，采取相应的清洁、保养、维修手段，才能使机器设备处于良好的技术状态，保证良好的生产秩序。

第三，机器有一定的寿命即使用期限，必须按时更换淘汰。

马克思指出：**“固定资本有一定的平均寿命；它为这段时间实行全部预付；过了这段时间，就要全部替换……它们作为劳动资料的平均寿命是由自然规律决定的。”**（《资本论》，第2卷，人民出版社，1975年版，第191页）

机器设备包括相应的生产辅助设施都有其使用期限，在这一期限内进行生产，其安全基本上是有保证的，一旦超过这一期限，安全生产将难以保障。

世界上没有十全十美的东西，机器也不例外。马克思指出：**"一台机器的构造不管怎样完美无缺，但进入生产过程后，在实际使用时就会出现一些缺陷，必须用补充劳动纠正。"**（《资本论》，第2卷，人民出版社，1975年版，第195页）马克思所说的"缺陷"，实际上是指影响机器正常运转及安全生产的故障和隐患；而他所说的"用补充劳动来纠正"，则是指采取必要的措施排除故障和隐患，保障机器正常、安全生产。

第四，在一个机器体系当中，只有所有的局部机器都保持正常运转，才能保证整个生产安全有序地进行；而任何一台机器局部出现问题，都可能导致整个生产停顿甚至发生安全生产事故。

机器越先进、机器体系越庞大，则保持其正常生产的条件就越多、标准就越高。马克思指出：**"每一台局部机器依次把原料供给下一台，由于所有局部机器都同时动作，产品就不断地处于自己形成过程的各个阶段，不断地从一个生产阶段转到另一个生产阶段……在有组织的机器体系中，各局部机器之间不断地交接工作，也在各局部机器的数目、规模和速度之间造成一定的比例。"**（《资本论》，第1卷，人民出版社，1975年版，第417—418页）

在机器生产中，生产活动由个人行为变为许多人共同的、复杂的社会行为，产品由个人从事劳动的结果变为许多人共同劳动的结果，这就是社会化大生产的基本特点。机器生产的集中性、同时性、连续性、配合性的特点，决定了同一个机器体系当中的所有局部机器和机器上的所有零部件都必须完好无缺地正常运转，只要有一处出现故障，就可能造成生产的全面停顿和瘫痪，严重的将导致生产安全事故，而这也是机器生产依赖性、脆弱性的一种表现。

第五，机器生产及其工作环境造成对人员安全健康的危害。

马克思指出：**“我们只提一下进行工厂劳动的物质条件。人为的高温，充满原料碎屑的空气，震耳欲聋的喧嚣等等，都同样地损害人的一切感官，更不用说在密集的机器中间所冒的生命危险了。”**（《资本论》，第1卷，人民出版社，1975年版，第466页）

机器的正常运转离不开人的劳动，如果劳动者自身的生命安全和身体健康都得不到保障，那么机器的清洁、维护、保养等各项工作也不可能正常进行，各种隐患将难以及时发现和排除，生产安全事故也将难以避免。

随着科学技术的发展，越来越多的新工艺、新技术、新材料、新设备应用到工业生产当中，既给工业生产开辟了广阔的发展前景，又使其增添了新的发展动力，工厂企业也越来越迈向现代化，这又给企业的安全生产提出了更高要求。

随着我国社会主义市场经济的日益发展，出于获取最大经济利益的考虑，一些企业对安全生产标准降低、投入减少、超能力生产，导致安全生产风险增大、事故增多，最终还是丧失了经济效益和社会效益。

1997年初，劳动部安全生产管理局局长郑希文撰文指出：“在我国由计划经济向社会主义市场经济过渡的时期，对安全生产绝不存在‘松绑’问题，同时必须用法律手段对安全生产实施强制性管理。现在有的企业领导片面追求效益，忽视管理，这是一种目光短浅、违反科学的错误行为。出现了效益比较好的企业忽视安全，效益不好的企业顾不上安全的现象。企业领导干部对安全抱侥幸心理，对隐患不闻不问，对职工教育抓得不紧，用设备去拼效益，甚至忽视职工的生命去拼效益……把企业推向市场以后，由法人、承包人决策的安全生产投入明显减少了；隐患和恶劣劳动条件继续存在并有所发展；违章指挥和违章操作，在‘为了市场需要’的借口下合法化了。”

为了追求更大的经济效益，一些企业甚至整个行业超产愿望强烈，带来的不仅仅是风险隐患，还有生产安全事故。

2006年9月19日，在北京举行的第三届中国国际安全生产论坛上，国家安全生产监督管理总局局长李毅中指出："能源原材料和交通运输市场需求旺盛，企业扩大生产规模的冲动强烈，工厂矿山超能力、超强度、超定员生产，交通运输超载、超限、超负荷运行现象比较普遍，事故和安全风险增加，导致新建改扩建煤矿、危险化学品生产运输、道路交通运输事故多发。"

2011年8月3日，国家安全生产监督管理总局局长骆琳在全国安全生产视频会议上指出，当前安全生产工作面临更加严峻的挑战，高危行业企业抢产超产的愿望和冲动强烈，超强度、超能力、超定员生产行为极易出现；交通运输市场需求旺盛，超载、超速、超员运输行为极易加剧；大量基建项目进入施工旺季和竣工期，抢工期、赶进度、忙竣工投产行为极为普遍；一些地方党委政府换届，急于出"政绩"，不顾安全条件，大干快上争项目，放松安全管理，甚至对非法违法和瞒报谎报行为视而不见等情况可能发生。

抓好安全生产既是企业的重要职责，也是政府的重要职责。特别是在社会主义市场经济条件下，对于企业重经济效益、轻安全生产，重发展速度、轻发展质量的情况，政府部门更应担负起安全监督管理的责任。面对事故不断的严峻局面，一些地方政府已经明确表示要进一步强化安全监管，牢固守住安全生产这条防线，坚决不要带血的产值和利润。

2004年，国家安全生产监督管理局开展了"完善我国安全生产监督管理体系"课题的研究工作，对市场经济体制下企业安全生产现状进行了分析，在其研究成果《完善我国安全生产监督管理体系研究》(煤炭工业出版社2005年6月出版)一书中指出："在市场经济体制下，随着现代企业制度建立，企业成为市场经济中的主体，效益与发展是最优先考虑的问题。在商品经济大潮中，市场竞争的风险时刻关系到企业的生存发展，关系到企业所有者和管理人员的直接利益。在国家监督管理力度不够的情况下，企业为追求经济利益最大化，千方百计降低生产成本，减少安全生产方面的投入，既不改善作业环境，也不配发劳动保护用品，更忽视对工人的安全培训与教育，甚至直接冒着伤亡事故和职业危害的风险强行生产。在有些企业看来，市场竞争风险远大于安全生产的风险值。片面追求产值、利润的目标容易诱导企业负责人产生急功近利甚至要钱不要命的思想，从而忽视了劳动安全卫生对企业发展所具有的潜在和长远效益。在这种情况下，企业就会自觉或不自觉地消极应付、甚至抵制政府的监察管理，轻视劳动者在安全健康上的基本权益，在某些经济效益差的企业或一些民营企业，这种情况更为严重。”

现代企业进行生产所用的机器和机器体系本身就存在诸多风险隐患，企业在市场经济条件下又有着追求经济效益、忽视安全生产的倾向，使得现代生产随时都有各种隐患，安全生产工作面临着错综复杂的局面。保证生产正常进行也就成为安全生产本质的第一项重要内容。

## 第二节　保障人员安全健康

马克思主义的历史唯物主义认为，人是人类社会之本，是社会历史的现实主体，是人类社会发展的根本力量。

马克思主义明确坚持人是人类社会之本的观点。恩格斯指出：**“有了人，我们就开始有了历史。”**（《马克思恩格斯选集》，第 3 卷，人民出版社，1972 年版，第 457 页）如果没有人，没有人的活动，就没有历史，就没有人类社会。

我国古人很早就认识到了人的重要，并有许多论述。

周朝荣启期指出：“天生万物人为贵。”

东汉末年思想家王符在《潜夫论》中指出：“天地之所贵者，人也。”

战国时期思想家荀子在《荀子·王制篇》中指出：“水火有气而无

生，草木有生而无知，禽兽有知而无义，人有气、有生、有知，亦且有义，故最为天下贵也。”

对人的作用和价值认识最深刻、论述最精辟的，则是春秋时期的政治家管仲。他指出：“一树一获者，谷也；一树十获者，木也；一树百获者，人也。”

虽然有这些正确的认识，但在当时的社会历史条件下，广大劳动群众的地位十分低下，他们的作用和价值不能充分发挥，对促进生产力发展做出的贡献受到很大限制。

对人的作用和价值进行研究当然不限于中国，世界各国许多有识之士都有着自己的看法。英国哲学家培根在《新工具》一书中指出：“人类的知识和人类的权力归于一，任何人有了科学知识，才可能认识自然规律；运用这些规律，才可能驾驭自然，没有知识是不可能有所作为的。”

英国古典经济学家亚当·斯密在1776年出版的《国富论》一书中指出：“学习一种才能，须受教育，须进学校，须当学徒。这种才能的学习，所费不少。这样费去的资本，好像已经实现并且固定在他的人格上。这于他个人，固然是财产的一部分，对于它属于的社会，亦然。这种优越的技能，可以和职业上缩减劳动的机械工具，作同样看法，就是社会的固定资本。学习的时候，固然要用一笔费用，但这种费用可以希望偿还，而兼取利润。”

美国著名管理学家德鲁克指出：“企业或事业唯一的真正资源是人。管理就是充分开发人力资源做好工作。”

经济社会的发展、社会财富的增加，都是建立在物的价值和人的价值不断被发现、被增大的基础之上的，这是人类智慧的充分展现，是科技进步的必然结果；而所有这些，根本就在于人。随着社会的发展进步，人的作用和价值明显呈现上升趋势。正如邓小平同志所指出的：**“同样数量的劳动力，在同样的劳动时间里，可以生产出比过去多几十倍几百倍的产品。”**（《邓小平文选》，第2卷，人民出版社，1994

年版，第 87 页）

人类改造客观世界的强大能力，突出体现在生产工具的变化上，即从手工工具到机器再到电子计算机的变化过程，从而使社会生产力的发展由自然条件起决定作用到人的作用占主导，再到人从直接生产过程当中解放出来成为生产过程的监督者和调控者。从这些发展变化中可以看出，生产力中的智能性要素，即科学技术在整个社会生产力从开始比重比较小，上升为一种关键的力量进入物质生产过程，并逐渐成为决定性因素，从而使人类社会从愚昧走向文明、从原始走向现代、从落后走向发达；而贯穿其中的，则是人的智慧不断进化和提升，人的价值不断增长和扩展。也就是说，人的作用越来越大，越来越起到决定性的作用。

自人类诞生以来，从原始社会、奴隶社会到封建社会，生产力在不断发展和提高，但其发展速度是非常缓慢的。然而，进入资本主义社会，这一状况发生了巨大转变。马克思、恩格斯在《共产党宣言》中写道：**“资产阶级在它的不到一百年的阶级统治中所创造的生产力，比过去一切世代创造的全部生产力还要多，还要大。”**（《共产党宣言》，第 31 页，人民出版社，1992 年版）

其原因究竟何在呢？

从直接的原因上讲，在于科学技术的进步，特别是机器的发明和应用。

工业革命至今 200 多年时间里，科学技术发展应用并向现实生产力转化的速度和节奏越来越快，周期越来越短。据统计，这一转化时间在第一次世界大战前为 30 年，第一次与第二次世界大战之间为 16 年，第二次世界大战以后平均为 9 年，20 世纪 80 年代以来，缩短为 5 年甚至更短。科学技术被广大劳动者所掌握和应用，就会大大提高人们认识自然、改造自然和保护自然的能力；科学技术和生产资料相结合，就会大幅度提高工具的效能，从而提高劳动生产率；就会使生产向深度和广度进军。因此，科学技术是第一生产力，是先进生产力的集中体现和主要标志，科技进步对生产力的发展越来越具有决定性的作用，它不仅几十倍、几百倍地提高了生产力水平，而且在人类社会生活的各个领域也发生了广泛而又深刻的影响。

从根本的原因上讲，则在于人的作用的发挥、人的价值的展现。

在科学技术引领和推动下，在人创造财富的积极性被激发出来的情况下，资产阶级在它的阶级统治中所创造的生产力之多、之大，由此可见一斑。正如马克思所说：**“它第一个证明了，人的活动能够取得什么样的成就。”**（《共产党宣言》，人民出版社，1992 年版，第 29 页）而科学技术创新和应用，归根结底同样是人的作用及价值的发挥和体现。

保障人员安全健康，还在于经济社会发展的目的是为了促进人的全面发展。

促进和保障人的全面发展，不仅是经济社会发展的根本目的，同时也是我们每个人的使命和职责。马克思明确指出：**“任何人的职责、使命、任务就是全面地发展自己的一切能力。”**（《马克思恩格斯全集》，第 3 卷，人民出版社，1960 年版，第 330 页）

人是社会历史的主体，在推动社会不断发展的过程中，自身也是在不断发展的。人的发展是一个具有丰富自然和社会内涵的过程，既受环境影响，又在影响环境。追求发展是人的一大目标，也是人的一大动力，正是由于一代代的人们对美好生活的不懈追求和奋斗，才有了我们今天的人类文明。

美国心理学家威廉·詹姆斯认为，一个正常健康的人，只运用了其能力的 10%，尚有 90%的潜力没有使用。美国人类潜能研究学家奥托在其《人类潜在能力的新启示》一文中指出：“据最新估计，一个人所发挥出来的能力，只占他全部能力的 4%。我们估计的数字之所以会越来越低，是因为人所具备潜能及其源泉之强大。根据现在的发现，远远超过我们 10 年前、乃至 5 年前的估测。”人的智慧和潜力是无穷的，为了充分开发人的智慧、全面展示人的能力，需要全社会共同努力，但一个基本前提就是保证人的安全健康，没有这一点，开发智慧、展示能力将无从谈起。

正因为人是人类社会之本，是天地之间万事万物当中最为重要的，因此保障人员安全健康也就成为安全生产中最重要的任务。一旦离开了人，离开了人的安全健康，经济社会发展就既没有目标又没有动力；而且就安全生产自身而言，实现、保持和维护生产安全地运行下去也必须依靠人，如果没有劳动者的安全健康，安全生产既不能存在，也没有意义。

同时，保障人员安全健康也是维护人权、促进人的全面发展的必然要求。人的各项权力的实现，其基础是人的生命存在，如果连生命都不存在了，又何谈其他权益。而促进人的全面发展包括人的个体特征的发展和社会特征的发展，也同样要以人的生命存在为前提。

由此可见，保障人员安全健康是安全生产的重要任务和核心目标，是坚持以人为本的根本体现，是人类社会文明进步的重要标志。只有保证人员的安全健康，才能使经济社会发展有正确的目标，有持久的动力。

## 第三节　保障财富持续增加

社会主义生产的目的，是最大限度地满足整个社会日益增长的物质和文化的需要。因此，生产劳动创造的产品越多越好，创造的财富越多越好。当前我国正处于社会主义初级阶段，即不发达阶段，大力发展生产力更具有特殊重要的意义。我国社会主义时期的主要任务就是发展生产力，使社会物质财富不断增长，使人民群众的生活水平不断得到提高。

列宁指出：**“只有社会主义才可能根据科学的见解来广泛推行和真正支配产品的社会生产和分配，也就是如何使全体劳动者过最美好、最幸福的生活。只有社会主义才能实现这一点。”**（《列宁选集》，

第 3 卷，人民出版社，1972 年版，第 571 页）要实现“使全体劳动者过最美好、最幸福的生活”这一目标，当然离不开社会产品的不断增多和物质财富的持续增加，而这又离不开劳动。

没有生产劳动，就没有产品和财富。那么，只要有生产劳动，就一定会创造出产品和财富吗？不，不一定，要实现这一点，还有一个条件必不可少，就是安全。尤其是在社会化大生产条件下，如果没有安全，不能保证安全生产，不仅创造不出产品和财富，甚至劳动者、劳动资料等也有可能在生产事故中损毁。

人类财富创造和保存并不容易，但要摧毁它们却十分简单。无论是自然灾害还是人为事故，可以在几小时甚至几分钟内将宝贵的财富化为乌有。

自从人类诞生以来，自然灾害就如影随形始终伴随在人类身边。汉字的“灾”字就是大火焚烧房屋的形状，表示外在的自然力量对社会财富和人类文明的破坏。当这种破坏损害人类利益时，“灾”也就成为“害”。

在各种自然灾害当中，对人民群众生命财产安全威胁最大、造成损失最重的首推地震。在我国 3000 多年历史典籍中记载的地震有近万次，其中破坏性地震近 3000 次，8 级以上的特大地震 18 次。地震对人的生命财产的破坏并不限于地震本身，它还引发一系列次生灾害，如山崩、地表水激荡、河道堵塞、海啸、疫病等，在侵害人的生命及财产的同时，又对自然环境造成极大破坏，其破坏性是多方面的。我国历史上死亡人数最多、财产损失最大的地震是明朝时期陕西华县大地震，造成约 83 万人死亡。

对人的生命安全和社会物质财富具有重大威胁的自然灾害当然不仅仅是地震，水灾也是其中一种。1117 年（宋徽宗政和七年），黄河决口，淹死 100 多万人。1642 年（明崇祯十五年），黄河泛滥，开封城内 37 万人中有 34 万人被淹死。1991 年，淮河、太湖流域大水，受灾人口 5423 万人。1998 年长江、嫩江、松花江大洪水，有 1.8 亿人受灾，因水死亡4150人，直接经济损失2550亿元。

像地震、水灾等自然灾害对人类社会的侵害，目前人类还难以准确预测和有效抵御，但在日常生活中大量事故也在吞噬无数的生命、健康和社会财富。对这些人为灾害，我们必须拿出有效对策加以化解。

当前我国已经进入风险社会，在生产、生活领域面临着广泛的风险隐患，其中最严峻的当属工业生产方面的风险。2005年9月20日，国际风险管理理事会大会在北京召开，国家安全生产监督管理总局局长李毅中在会上指出："科技的创新、经济的发展、社会的进步，加速了经济全球化的进程，我们将面临自然、经济、政治以及人类健康安全环境等各方面越来越多的风险和挑战……目前中国正进入人均国内产值1000至3000美元的快速发展阶段，国内外的经验告诉我们，在这一阶段也是生产事故的易发期，中国的安全生产面临着严峻的挑战。"

李毅中在会上披露，2004年我国发生各类事故80.36万起，死亡13.67万人，伤残约70余万人，经济损失2500亿元，占我国国内生产总值的2%。请看报道。

## 去年每万人中有1人在事故中死亡
## 我国进入生产事故易发期

**本报讯(记者王一娟)**　国家安全生产监督管理总局局长李毅中在9月20日召开的"2005年国际风险管理理事会大会"上说，2004年，我国发生各类事故80.36万起，死亡13.67万人，伤残约70万人，经济损失2500亿元，约占国内生产总值的2%，大约每亿元国内生产总值死亡1人，每万人中有1人在事故中死亡。

李毅中说，各类事故已成为制约经济社会和谐发展的重要因素。我国正进入人均国内生产总值1000至3000美元的快速发展阶段。国内外经验证明，这一阶段也是生产事故的易发期，我国的安全生产面临着严峻的挑战,提高应对现代风险的意识和能力,显得十分迫切。

专家指出,现代风险呈现跨部门、跨国家和跨区域的特点,具有全球性、综合性和快速扩散性的趋势。因此,国际社会迫切期待风险管理的国际化,以及从整体视角来研究风险管理问题。据悉,联合国已将所有灾害问题都纳入风险管理的范畴,风险管理可能会在全球范围内发展成一个全新的学科领域。现代社会中的风险管理问题已经得到了全球各界人士越来越多的关注。

科技部副部长刘燕华在大会致辞中表示,中国政府高度重视社会发展中的风险管理问题,在各个领域出台了大量有关风险管理的法律法规,如《安全生产法》、《防震减灾法》等,制订并实施了《突发公共卫生事件应急条例》,国务院成立了应急管理办公室。与此同时,中国政府已经开始对传统的风险管理体系进行积极变革,建立有效的综合协调机制,探索建立专门的风险管理机构的可能性,以提高政府风险管理的效率和能力。

……

**原载 2005 年 9 月 21 日《经济参考报》**

改革开放以来,我国经济建设持续高速发展,经济规模不断扩大,就业人数连年增加,这些都给安全生产工作带来巨大压力,集中表现在安全生产基础薄弱,其进展远远滞后于经济增长速度上。经济发展以积累或台阶的方式实现,但多年来安全基础仍然在原有水平徘徊,安全生产存在的问题依然突出,面临的挑战依然严峻,要走出安全生产事故易发期,还需要一段时期。请看报道:

## 黄毅:我国目前仍处在安全生产事故易发多发的特殊时期

**人民网北京 2 月 21 日电(记者杜燕飞)** 今日,国家安全生产监督管理总局党组成员、总工程师、新闻发言人黄毅做客人民网时表示，当前，全国安全生产形势总体稳定，持续好转，但形势依然严峻，仍然处在生产安全事故易发多发的特殊时期。

黄毅说，我国目前正处于工业化、城镇化快速发展进程中，仍处在生产安全事故易发多发的特殊时期，安全生产形势依然严峻：一是安全发展理念尚未牢固树立。二是非法违法生产经营建设行为屡禁不止。三是安全管理和监督存在漏洞。四是隐患排查治理和应急处置不力问题在一些地方、行业和企业还比较突出。五是职业危害防治相对薄弱。

黄毅指出，随着经济发展和社会进步，人民群众对安全生产工作的要求越来越高，对安全生产状况的关注度也越来越高。必须准确把握经济社会发展的新要求，准确把握安全生产工作的新规律，准确把握全社会和广大职工保障安全健康权益的新期待，深刻认识安全生产工作的复杂性、艰巨性和长期性，进一步增强责任感、紧迫感和使命感，采取更加坚决有力措施，切实维护人民群众生命财产安全。

**原载 2012 年 2 月 21 日人民网**

生产安全事故给人类社会造成巨大灾害，既损害人的生命健康，又摧毁社会财富，它所造成的物质财富的损失究竟有多大呢？

1999 年 4 月 11 日至 16 日，由联合国国际劳工组织、国际社会保障协会举办的第 15 届世界职业安全健康大会在巴西圣保罗市召开。国际劳工组织指出：全世界因职业伤亡事故和职业病造成的经济损失迅速增加，每年有接近 2.5 亿工人在生产过程中受到伤害，有 1.6 亿工人患职业病。每年发生工伤死亡人数为 110 万人，超过道路年平均死亡人数(99.9 万)、由于战争造成的死亡人数(50.2 万)、暴力死亡人数(56.3 万)和艾滋病死亡人数(31.2 万)。在 110 万工伤死亡人数中，有接近 1/4 的人是由于工作在暴露危险物质的工作场所引发的职业病而死亡。

大会指出，全世界因职业伤亡事故和职业病造成的经济损失迅速增加。赔偿金额的数据显示，由于工伤致残和患职业病丧失劳动能力造成的经济损失、职业病治疗花费的医药费和丧失劳动能力的抚恤费用的总和，已经超过了全世界平均国内生产总值（GDP）的4%。由于职业伤亡事故和职业病所造成的经济损失，已经超过了相当于整个非洲国家、阿拉伯国家和南亚国家国内生产总值（GDP）的总和，同时，也超过了工业发达国家向发展中国家的政府援助资金的总和。

除了职业伤亡事故和职业病以外，道路交通事故对人类的损害也非常严重。

在2004年4月7日"世界健康日"到来之际，世界卫生组织发起以道路安全为主题的活动，并发表《防止道路交通伤害世界报告》指出，道路交通事故每年约120万人死亡、5000万人伤残，世界各国如不立即采取措施确保道路安全，到2020年，道路事故造成的死亡人数将会增加80%。《报告》指出，道路事故还给社会造成巨大的经济损失，每年使世界各国损失5180亿美元，占全球各国国内生产总值的1%至2%。在这5180亿美元中，低收入和中等收入的发展中国家为650亿美元，高于这些国家所获得的发展援助总和。

抓好安全生产、保障社会财富，具有多方面的内涵，既能保障已经生产出来的产品和已经创造出来的财富，也能保障生产产品和创造财富的能力——这同样也是财富；既能保障有形财富，也能保障无形财富，比如时间。人们创造和积累财富不容易，但要毁坏财富却十分简单，一次事故、一场火灾就能很轻易地将巨大的社会财富化为乌有，这更说明安全生产工作的重要性、必要性和紧迫性。

## 第四节　保障社会全面进步

推进生产发展、促进经济建设，就是在经济发展的基础上实现社会全面进步，维护和保障全体人民的福利，使广大人民群众过上幸福美好的生活。因此，社会发展和进步是经济发展的出发点和归宿。

促进经济社会协调发展，不仅是经济自身发展的需要，也是整个人类社会生存发展的需要。世界各国发展经验表明，要在促进经济增长的同时，注重改善人力资源质量，为经济发展提供人力资本；要重视居民健康，提高人口素质；要弘扬先进文化，健全民族精神。所有这些都为经济建设提供了健康发展的条件，任何经济活动都离不开社会发展的支撑。

推进生产发展、促进经济建设，进而加快经济社会协调发展，最根本的目的还是为了人，为了人的全面发展，既包括改善人们的物质生活条件，也包括使他们的聪明才智得到发展和展示。恩格斯指出：**“通过社会生产，不仅可能保证社会一切成员的十分丰足的并且日益改善的物质生活条件，而且还可能保证他们体力和智力的充分自由的发展和应用。”**（《反杜林论》，人民出版社，1956 年版，第 297—298 页）

实现人的全面发展，根本在于经济社会的发展，基础又是生产的发展和物质条件的改善，这就要求必须始终围绕经济建设这个中心，不断解放和发展社会生产力。改革开放 30 多年来，我国现代化建设之所以取得举世瞩目的成就，中国从原先世界低收入国家进入上中等收入国家之列，关键就在于始终抓住发展这个问题不放松，使我国的综合国力、人民生活水平、国际地位得到大幅度提升。

与此同时，必须清醒看到，我国仍处于并将长期处于社会主义初级阶段的基本国情没有变，人民群众日益增长的物质文化需要同落后的社会生产之间的矛盾这一社会主要矛盾没有变，我国是世界最大发展中国家的国际地位没有变。尽管我国在 2010 年成为世界第二大经济体，但我国人口多、底子薄、发展很不平衡，人均国内生产总值水平还很低，排在世界 80 位左右，约为世界平均水平的 2/3，仅为发达国家的 1/8 左右，还有 1 亿多人生活在联合国设定的贫困线以下。因此，保持经济持续健康发展，使我国社会生产力不断向更高水平迈进,使广大人民群众过上更加富裕的生活,是一项长期而艰巨的任务。

进入新世纪新阶段,我国一方面面临着难得的发展机遇,另一方面又面临诸多困难和挑战。中国在工业化道路上加快前进的过程中所遇到的矛盾和问题,无论是规模还是复杂性,都是世所罕见的;要建成惠及十几亿人口的更高水平的小康社会,要实现全体人民共同富裕,还有很长的路要走。所有这些,都对加强安全生产工作、保障社会全面进步提出了新的更高的要求。

实现社会全面进步,经济建设是重要前提和基础。马克思主义认为,所谓社会,是人们以物质生产活动为基础而相互联系的总体,物质资料的生产是社会存在的基本条件,是人类社会生存发展和创造历史的基本前提,它不仅必不可少,而且必须连续不断、一刻不停地进行。马克思指出:**"不管生产过程的社会形式怎样,它必须是连续不断的,或者说,必须周而复始地经过同样一些阶段。一个社会不能停止消费,同样,它也不能停止生产。"**(《资本论》,第 1 卷,人民出版社,1975 年版,第 621 页)

安全生产的本质之一是保障社会全面进步,这就必然首先要求保障物质生产的正常进行和经济建设的持续发展;如果经济不能发展,生产不能进行,人类将无法生存,社会也不能存在,又何谈社会的全面进步。

安全保障经济持续发展,实际上是从微观和宏观两个层面发挥作用。从微观角度讲,保障生产资料、劳动对象的安全完好,保障各种产品的安全完好,就是在保障生产建设和经济发展的正常进行;从宏观角度讲,抓好安全生产工作,就是为整个国民经济的持续发展营造安全、平稳、有序的良好环境和秩序,就是在推进经济持续发展。无论哪个层面,都直接体现出安全生产工作对生产建设和经济发展的巨大促进和保障作用。

首先从微观层面分析,可以清晰看出抓好安全生产工作所创造的经济效益。

现代化的工业生产实际上是一个物质投入产出的转换过程，就是通过机器的加工和运行，将劳动对象转变为产品，以满足整个社会不断增长的物质和文化的需要。要提高这一转换过程的投入产出比，就要努力达到以下要求：一是数量多，二是速度快，三是质量好，四是成本低，这实际上就是我国传统的“多、快、好、省”生产方针的具体体现。

党的十四大报告指出：“我国底子薄，目前处在实现现代化的创业阶段，需要有更多的资金用于建设，一定要继续发扬艰苦奋斗、勤俭建国的优良传统，提倡崇尚节约的社会风气。”因此，“多、快、好、省”的方针是在社会主义现代化建设事业中必须长期坚持的，而其中任何一条的实现都离不开安全生产。

随着社会的发展和科技水平的提高，生产正向着规模更庞大、设备更先进、协作更紧密的方向发展，所有这些都使安全生产工作更加重要，同时也对安全工作提出更高要求。如果没有安全生产，生产过程的连续性、生产阶段的并存性、生产要素的比例性、生产组织的纪律性和生产结果的保障性将不存在，生产过程被迫中止，产品不能正常产出和供给；如果没有安全生产，生产规模越大、机器设备越先进、社会协作越紧密，一旦发生事故，所造成的损失和混乱就越严重，所涉及的区域就越广泛，抢险处置和恢复正常所花费的代价就越巨大。只有实现安全生产，才能使生产工作和经济建设有计划、有步骤地正常开展，使产品产出和供给有序进行。

再从宏观层面分析，可以清晰地看到正常、平稳、有序的安全环境和秩序对国民经济建设的巨大保障作用。

推进生产建设和经济发展，必须要有一个稳定、安宁的良好环境，这是一个基本常识。社会稳定，就是指社会处于有秩序的状态，这是所有走上现代化发展之路的国家的共同课题，对于中国而言其意义更为重大。邓小平同志深刻指出：**“中国的问题，压倒一切的是**

**需要稳定。没有稳定的环境，什么都搞不成，已经取得的成果也会失掉。"**(《邓小平文选》，第3卷，人民出版社，1993年版，第284页)他还指出：**"只有稳定，才能有发展。"**(同上书，第357页)

抓好安全生产工作，能够防止和减少不必要的损失、纠纷和矛盾，使社会处于一种有序、协调、稳定、健康的状态，从而为经济社会发展提供有力的环境和秩序保证。

1995年2月20日，中共中央政治局委员、国务院副总理吴邦国指出："安全问题涉及范围广，影响面大，社会敏感性强，安全工作搞得不好，会造成一系列严重的社会、政治和经济问题。我们是社会主义国家，为了保证人民群众的安全和健康，为了促进社会的繁荣与稳定，各地区、各部门都要把安全工作当做大事来抓，不可等闲视之。"

2004年1月9日，国务院印发《关于进一步加强安全生产工作的通知》，明确指出："安全生产关系人民群众的生命财产安全，关系改革发展和社会稳定大局；做好安全生产工作是全面建设小康社会、统筹经济社会全面发展的重要内容，是实施可持续发展战略的组成部分，是政府履行社会管理和市场监管职能的基本任务，是企业生存发展的基本要求。"

由于某个企业发生生产安全事故，致使在一定范围内的该类生产企业进行全面的安全生产大检查；由于某个行业的安全生产基础薄弱，导致国家连续多年进行专门整顿，这些情况都会在一定层面、一定范围内对国民经济发展带来一定的影响，这就是安全生产环境和秩序在宏观层面对国民经济建设所起的作用。要保证我国经济持续发展、社会和谐稳定，正常、平稳、有序的安全环境和秩序是必不可少的前提条件。

根据新世纪新阶段我国经济社会发展的新趋势、新特点、新要求，2006年10月召开的党的十六届六中全会通过的《中共中央关于构建社会主义和谐社会若干重大问题的决定》指出，建设民主法治、公平正义、诚信友爱、充满活力、安定有序、人与自然和谐相处的社会主义和谐社会。

民主法治，就是社会主义民主得到充分发扬，依法治国基本方略得到切实落实，各方面积极因素得到广泛调动；公平正义，就是社会各方面的利益关系得到妥善协调，人民内部矛盾和其他社会矛盾得到正确处理，社会公平和正义得到切实维护和实现；诚信友爱，就是全社会互帮互助、诚实守信，全体人民平等友爱、融洽相处；充满活力，就是能够使一切有利于社会进步的创造愿望得到尊重，创造活动得到支持，创造才能得到发挥，创造成果得到肯定；安定有序，就是社会组织机制健全，社会管理完善，社会秩序良好，人民群众安居乐业，社会保持安定团结；人与自然和谐相处，就是生产发展，生活富裕，生态良好。

和谐社会的六个基本特征，即民主法治、公平正义、诚信友爱、充满活力、安定有序、人与自然和谐相处，都与安全生产有着密切的联系。安全生产需要健全的法律法规，建立完善的法治秩序；需要保障劳动者的安全权益，维护社会公平和正义；需要建立安全诚信机制，营造“关爱生命、关注安全”的社会氛围，只有生命安全得到切实保障，才能调动激发人们的创造活力和生活热情；只有使重特大事故得到遏制，大幅减少事故造成的创伤和震荡，社会才能安定有序；只有顺应客观规律，讲求科学态度，才能有效防范事故，实现人与自然和谐相处。

安全生产如果不能得到保证，引发重大事故，社会的安定和谐将无法谈起。1968 年，美国发生一起煤矿爆炸事故，78 人遇难，引发全国性的罢工。美国国会随后通过了《联邦煤矿安全与健康法》，规定不具备安全条件的煤矿必须关闭。此后 10 年间，美国虽然深受世界能源危机的影响，却一直保持高压政策，关闭了大批不符合安全与健康条件的煤矿。1978 年与 1968 年相比，井工煤矿数量由 4100 多个减少到 1900 多个，煤炭年产量下降 29%，煤矿事故死亡人数也减少了近73%。

1996年1月22日，中共中央政治局委员、国务院副总理吴邦国在全国安全生产工作电视电话会议上指出："安全生产工作还存在严重问题……搞好安全生产是保障社会稳定的重要方面。事故造成人员伤亡和经济损失，影响家庭幸福，就可能引发社会问题，影响社会稳定。一些重大、特大事故，还产生了不好的国际影响。各级党委和政府必须切实担负起社会稳定的历史使命，严肃认真地对待本地区、本部门的安全生产问题。"

2006年1月23日，温家宝同志在全国安全生产工作会议上指出："搞好安全生产，是建设和谐社会的迫切需要。安全生产关系到各行各业，关系到千家万户。加强安全生产工作，是维护人民群众根本利益的重要举措，是保持社会和谐稳定的重要环节。搞好安全生产工作，是各级政府的重要职责。我们必须树立正确的政绩观，抓经济发展是政绩，抓安全生产也是政绩。不搞好安全生产，就没有全面履行职责。各地区、各部门和企业，一定要以对人民群众高度负责的精神，努力做好安全生产工作。"

抓好安全生产，保证社会平安稳定，是各级政府的重要职责。中央政府层面主要是负责制定安全生产方针政策、法律法规、安全标准和准入条件，对全国性的安全生产重大问题进行决策，并通过规划布局、结构调整，加强宏观调控，督促地方和企业建立安全生产长效机制。地方各级政府层面，主要是贯彻落实党和国家关于安全生产工作的方针政策和法律法规，从体制、机制、投入等方面加强对安全生产工作的领导，落实安全生产责任制，把安全生产纳入地方经济发展规划和指标考核体系。

当前，我国正处于工业化、城镇化快速发展进程中，处于生产安全事故易发多发的高峰期，各类安全事故给人民群众生命财产造成了巨大损失。在这种情况下，正确认识和深刻把握安全生产的本质就更具有现实针对性和特殊重要性。安全生产是一项需要全员参与的共同事业，只有人人都认清安全生产的本质，人人都为安全生产出谋划策，尽职尽责，才有可能实现安全生产。把握安全生产本质，推进社会全面进步，应当成为每一个公民的崇高使命和自觉行动，只有这样，才能更好地实现经济社会发展的长治久安。

# 第五章　八种投入——安全生产投入论

一分耕耘、一分收获，一份投入、一份回报，这既是普遍的真理，也是普通的常识，在安全生产上也是如此。要得到安全生产无事故的理想结果，就必须进行安全投入。

对安全生产的投入，最基本的是资金的投入，这不仅是必须的投入，而且是高回报的投入。国家安全生产监督管理局完成的《安全生产与经济发展关系研究》课题得出结论，安全生产对社会经济的综合贡献率是2.4%，安全生产的投入产出比达到1∶5.8。国外相关研究表明，一般物力投资获得效益是投资的3.5倍，而安全投资获得效益是其投入的6.7倍，由此可见安全投入的巨大回报。

但安全生产的投入远不只是资金的投入，而具有丰富的内容，是全方位的综合投入。2003年11月29日，国家安全生产监督管理局副局长梁嘉琨在乡镇煤矿安全监察工作座谈会上指出："安全投入不单单是资金的投入，还应该包括管理、技术等各种安全要素的投入。"

抓好安全生产工作是一项复杂的系统工程。我国安全生产事故多发，既有历史原因，也有现实原因；既有人的因素，也有物的因素；既有国内情况的影响，也有国际方面的影响，涉及诸多方面、诸多环节、诸多因素。其中任何一个方面、一个环节、一个因素发生变化，都有可能引起其他方面、环节和因素的变化，从而对安全生产状况产生相应的影响，这就是我国安全生产工作艰巨性、复杂性的由来。

工伤事故与职业危害是工业革命的产物，安全生产状况与国家经济社会发展时期同步。工伤事故状况与国家工业发展的基础水平、速度和规律等因素密切相关。大多数国家的经验表明：一般而言，当一个国家的人均GDP在3000美元以下时，高速的经济发展很难避免工业事故和伤亡的增加和大范围波动；人均GDP在达到1万美元左右时，工伤事故可稳定下降，而且波动幅度很小；只有GDP接近或达到2万美元左右时，工伤事故可以得到较好的控制，特大事故的概率很低，伤亡人数明显下降，基本不出现较大波动反复。2013年，我国人均GDP为6807美元，是世界平均水平10513美元的65%，经济高速发展与安全生产基础薄弱的矛盾十分尖锐，目前我国安全生产工作尚处于初步发展时期，抓好安全生产面临诸多难题，安全投入不足就是其中之一。

抓好安全生产是一项系统工程，在进行安全生产投入时就必须坚持系统、全面的观点，对安全进行全方位的投入，包括资金、人员、学生安全教育、法律、科技、理论、氛围、重视等的投入，而不能单打独唱，使涉及安全生产工作的方方面面得到全面加强，为实现安全生产奠定坚实基础。

## 第一节　安全资金投入

在社会化大生产情况下，生产与安全越来越呈现一体化的特征，要保证生产劳动正常进行，就必须首先保证整个生产劳动过程中的安全。安全是生产的前提和基础，而要实现安全，离不开必备的物质基础，最基本的就是要有相应的资金投入，而且这项投入是持续不断的。

1950年2月27日，河南新豫煤矿公司宜洛煤矿发生瓦斯爆炸，导致174人死亡。《人民日报》在1950年3月13日刊登了对这次爆炸事故的报道后，就有读者提出建议，在国家财政十分困难的情况下，其他方面可以厉行节约，但是在工矿生产的安全设备方面却不应该追求节约。请看这一《读者来信》：

## 读者来信

编辑同志：

三月十三日看到人民日报所载国营河南宜洛煤矿爆炸事件，我们甚为悲痛！

据报道称，该矿安全设备十分简陋，且系半手工半机器的开采方法，这是国民党统治几十年来遗留给我们的恶果。我们国家今天财经十分困难确是事实，但我建议我们宁可在别的方面特别厉行节约（该缓办的事情一定要缓办），而不应在工矿的安全设备上追求节约，因为这是直接关系到工人的生命问题和大批国家财富的损失！

**读者　张富云**

**原载 1950 年 3 月 18 日《人民日报》**

为了保障工矿企业的安全生产，不应追求节约的又岂止是安全设备？正所谓“小洞不补，大洞受苦”，在安全生产上的“节省”，注定会在将来自食其果，这个“果”不是效果，而是后果和恶果。

劳动部从 1994 年开始对我国境内的所有企业、行业及社会上的各类重大事故隐患进行调查，以准确掌握全国重大事故隐患状况及分布区域，逐步建立国家重大事故档案库。主要调查可能造成一次死亡 10 人以上，或直接经济损失 500 万元以上，或可能造成重大影响的事故隐患。

到 1995 年底，经汇总统计，当时全国重大、特大事故隐患共 1032 项，其中有关地区 755 项，有关部门 277 项，可估算的整改资金约 70 亿元。在全部 1032 项事故隐患当中，爆炸隐患占 27.13％，火灾隐患占 24.52％，坍塌隐患占 21.8％，水害隐患占 7.56％，煤尘与瓦斯突出占 5.32％，滑坡隐患占 3.5％，泄漏隐患占 3.1％，铁路隐患占 1.92％，中毒与窒息隐患占 1.64％。对此，劳动部提出了进行隐患治理要重点采取两项措施，一是将事故隐患治理纳入各部门和地方政府工作的议事日程，同时也要纳入安全生产管理部门的议事日程，二是应该有投入。

1996年1月22日，中共中央政治局委员、国务院副总理吴邦国在全国安全生产工作电视电话会上指出："隐患是诱发事故的直接因素。隐患既已发现，就不能等闲视之，必须彻底解决。特别是'九五'期间要重点解决一批隐患。各地区、各部门要根据自己的经济实力，加大对安全生产资金投入。存在事故隐患的企业必须下大力气，多方筹集资金，认真治理。"

随着国民经济持续快速发展，国家和企业的经济实力也在不断增强，然而安全投入不足的问题仍然普遍存在。2006年4月21日，国家安全生产监督管理总局局长李毅中在中央党校讲述我国的安全生产问题时指出："长期投入不足，欠账较多，企业安全生产设施设备落后。去年国家组织专家对54个重点煤矿、462个矿井进行了安全技术会诊，查出了5886条重大隐患，治理费用需要689亿元。一批老工业基地和大型国有企业，多年没有进行大的技术改造，生产工艺落后，设备陈旧老化甚至超期服役。据调查，国有煤矿在用设备约1/3应淘汰更新；一些小煤矿甚至靠人拉肩背，原始野蛮作业。"

要实现安全生产，就要加大资金投入，努力更新机器设备，提高工艺技术的先进和可靠程度；同时还要查找和整改各种隐患，从根源上消除事故，这对于各个生产经营单位来讲原本属于一般常识。但是，由于我国处于社会主义初级阶段，生产力不发达，无论是国家还是企业，经济条件都是有限的。另一方面，企业在生产方面的投资大多具有直接性、及时性，容易受到立竿见影的效果，但是安全方面的投资恰恰相反，往往具有间接性、滞后性、潜在性，很难起到立竿见影的作用。在社会主义市场经济条件下，追求经济效益最大化成为许多企业甚至政府部门的首要选择，在一些人看来，企业就是要盈利的，为了盈利，其他的工作都可以放在次要位置，包括安全生产。由此也出现了安全生产工作"说起来重要、做起来次要、忙起来不要"的现象。这样，对安全投入不重视，投入不足和不及时就成为一种普遍现象，由此就给企业乃至整个社会的安全和稳定埋下了隐患。

保证工厂企业正常生产的不仅仅是机器设备，相关保障条件也必须完全具备，比如运送工人的交通车辆，在这方面“节省”，一旦出事，其损失将是“节省”资金的无数倍。请看报道：

**贵阳一面包车超载被查**
**核载6人实载51人**

据贵州电视台报道，5月10日晚，贵阳民警拦停一行驶异常的面包车检查，发现6座面包车整整装了51人，而且全是大人！驾驶员交代，车上拉的全部是工人，当时他们正准备从王家桥开车到花果园工地做工。为了方便把后车厢的座位卸掉后，让四十多名工人站着挤在了后车厢里。

**原载2015年5月13日人民网**

可以想象，这辆超载的面包车万一发生交通事故，其损失和社会影响将是多么巨大！为了蝇头小利而甘冒奇险，实在是愚蠢。

安全同效益成正比，事故同效益成反比，这是工业生产的基本规律。美国杜邦公司对安全生产高度重视，安全投入有着充分保障，而这首先在于公司对安全生产的正确认识。

杜邦公司认为：“安全上的努力及费用是用来降低整体的成本，是明智的花费。”“把时间、金钱和说教付给安全事业，企业的总体效益非但不会减弱，反而会加强，这样做，值得！”

杜邦公司认为安全生产工作的经济效益具有滞后性。“安全的效果与安全的投入之间的联系并不是一个简单的关系。今天所付出的努力可能在以后的若干年才产出结果，而且这个结果并不能被人们意识到是由于数年前所付出的努力所产出的。”

在企业的安全生产设施设备上加大投入，消除影响安全生产的隐患，保证安全生产，不仅是必要的，而且是必须的。与此同时，另外一个方面的安全投入也应予以重视，就是在安全激励方面的投入。

“激励”一词，通常被理解为激发、鼓励之意。具体地讲，激励就是激发人的动机，诱导人的行为，使其发挥出内在潜力，为追求想要实现的目标而努力的过程。

心理学与行为科学将奖惩统称为强化激励，奖励属于正强化，惩罚属于负强化。大量的研究表明，强化优于不强化，正强化优于负强化，直接强化优于间接强化，这对于抓好安全生产具有很强的启发作用。

现代管理的核心是人的问题，而人的管理的核心是如何调动其积极性、激发其最大潜力的问题。许多国外学者通过实证性研究发现，没有激励，人的实际能力只能发挥出20%至30%；但通过激励充分调动他们的积极性和创造性，则可以发挥出80%至90%的能力。也就是说，能否采取有效的激励措施，关系到一个人的60%的能力是否可以发挥出来。

安全生产是一项涉及全员的工作，“成于全员之得，败于一人之失”。要想取得最佳安全成效，就必须尽可能地调动每个人的最大积极性，这当然离不开激励，离不开在奖励上的资金投入。

对在安全生产方面作出了积极贡献的人员进行适当的物质奖励，对企业和政府部门来说都是十分必要的。

工厂企业一旦发生事故，造成的损失将是多方面的，严重的有可能直接使一家企业破产倒闭。在这种情况下，为了消除隐患和事故，保证企业持续健康发展，就有必要对那些安全贡献突出的企业职工进行奖励，以激发企业全员共同关注和抓好安全生产。

以笔者为例，由于在本职工作岗位上认真履行安全职责，取得良好安全业绩，1996年元月，笔者被新疆塔里木油田评为1995年度安全生产先进工作者；2013年5月，由于在安全理论研究和观念创新方面的贡献具有示范性，笔者获得塔里木油田公司安全文化贡献奖。

政府部门在安全奖励上也应当加大力度。2010年月1日，重庆市安全生产监督管理局开始实施《谎报瞒报生产安全事故举报奖励办法》，第十三条规定，举报经查证属实的，按照下列标准予以奖励：

（一）生产经营单位对一般事故谎报、瞒报的，给予举报人1万～5万元奖励（重伤3人以下事故除外）；

（二）生产经营单位对较大事故谎报、瞒报的，给予举报人5万～10万元奖励；

（三）生产经营单位对重大以上事故（含特别重大事故）谎报、瞒报的，给予举报人10万～20万元奖励。

要得到安全这一“产品”和结果，加大资金的投入是必不可少的。对于企业而言，加强安全生产方面资金和设备的投入，是最基本的投入，是企业提高经济效益、持续健康发展的重要保障。对于社会而言，加强安全方面的资金投入以及基础设施等投入，是营造安全健康发展环境、维护广大人民群众生命权、健康权的迫切需要。

在当今生产安全一体化的情况下，安全生产工作的地位越来越重，作用越来越大，抓好安全已经成为工厂企业乃至整个社会永恒的主题。无论是企业还是政府部门负责同志，都应不断深化安全思想认识，创新安全工作理念，扭转以往“安全生产投入是成本、是负担”的陈旧观念，树立“安全生产投入是投资、有效益”的新理念，进一步重视和支持安全生产工作，持续加大安全资金投入，赢得良好安全回报。

## 第二节　安全人员投入

要抓好安全生产，加大人员方面的投入必不可少，这又包括两方面含义，一是增加安全生产人员的数量，二是通过教育培训不断提高安全生产人员的能力。

加大对人员的投入，建设一支数量适当、业务熟练的安全生产监督监察队伍，是改善我国安全生产基础薄弱状况的一项十分重要的工作。随着国家对安全生产工作的日益重视，我国安监队伍也在不断壮大。2003年全国安监人员共有2.3万人，2005年达到3.8万人，2010年增加到7.1万人。尽管人数在不断增加，但一线执法人员比重较低，从事现场执法工作的不到2万人，推进安监队伍建设和体制建设仍是一项十分紧迫的任务。

政府部门安全监察队伍要壮大，企业安全生产管理人员也要适度增加，这从我国《安全生产法》相关条款的修改上就可以看出。

2002年11月1日起施行的《安全生产法》第十九条规定："矿山、建筑施工单位和危险物品的生产、经营、储存单位，应当设置安全生产管理机构或者配备专职安全生产管理人员。前款规定以外的其他生产经营单位，从业人员超过300人的，应当设置安全生产管理机构或者配备专职安全生产管理人员。"

2014年8月31日第十二届全国人民代表大会常务委员会第十次会议审议通过的新修订的《安全生产法》，将原先规定的"从业人员超过300人的，应当设置安全生产管理机构或者配备专职安全生产管理人员"，修改为"从业人员超过100人"就应设置安全生产管理机构或者配备专职安全生产管理人员，对以往人数在100～300人的有关生产经营单位配备专职安全生产管理人员作出了明确规定。

加大人员的投入，不只是增加人员数量，还要努力提高劳动者的综合素质和业务技能，而这也是一项具有丰厚回报的投入。

马克思指出：**"要改变一般人的本性，使它获得一定劳动部门的技能和技巧，成为发达的和专门的劳动力，就要有一定的教育或训练，而这就得花费或多或少的商品等价物。劳动力的教育费随着劳动力性质的复杂程度而不同。"**（《资本论》，第1卷，人民出版社，1975年版，第195页）

马克思的这段论述，清楚地说明了三点，第一，要使一个人掌握一定的劳动技能，成为专门的劳动者，必须进行教育培训；第二，对劳动者进行教育培训，就要花费一定的资金；第三，对劳动者进行复杂技能的教育培训，比进行一般技能的教育培训花费金额要多。

2002年3月，中国科学院可持续发展战略研究组组长牛文元表示，有三大因素制约着中国的可持续发展，包括人力资源能力建设、集约化水平、社会公平，而人力资源能力建设则是最大的瓶颈。人力资源可分为体能、技能和智能三个方面。在培养上，国家和社会付出的成本相差是很大的。如果体能付出是1，技能要付出3，智能就要付出9；反过来，三者对社会的贡献比则会达到1∶10∶100。在发达国家，人力资源的分值在25到40之间，而我国还不到7。

1979年诺贝尔经济学奖获得者、美国经济学家舒尔茨认为，经济增长不完全依靠土地、资本和劳动数量的增加，而主要是依靠劳动者的素质、知识水平和生产技术的提高，教育在其中意义重大。他指出："教育作为经济发展的源泉，其作用是远远超过被看作实际价值的建筑物、设施、库存物资等物力资本的。"舒尔茨在经过长期研究之后，提出了经济发展主要取决于人的素质、而不是取决于自然资源的丰瘠或资本存量的多少的著名观点，震动了整个经济学界，他也被公认为人力资本理论的创始人。

在《人力资源投资》一书中，舒尔茨明确指出："教育远不是一种消费活动，相反，政府和私人有意识地作投资，为的是获得一种具有生产能力的潜力，它蕴藏于人体内，会在将来作出贡献。""我主张将教育看作一项投资，将其结果看作是资本的一种形式。"

如果对人员教育培训方面投入不足，劳动者业务技能水平不能适应现代生产的需要，将会给生产建设造成消极影响。近年来，随着全球产业分工加快，中国已经成为世界的加工厂，"中国制造"无处不在，但是我国企业产品合格率尚不理想。2014年我国产品质量国家监督抽查合格率为92.3%，不良产品造成的损失每年几千亿元，企业自主创新能力不高，产品很难同外国品牌竞争，"中国制造"在世界上很多地方只是低端产品的代号，而这同我国产业工人的总体技术水平状况是紧密相连的。

以上主要是从经济效益的角度分析了加强教育培训投入、提高人的技术水平的重要性，实际上，它对于安全生产的意义也是一样的。就像人的素质和技能同经济效益成正比一样，劳动者的素质和技能同安全生产也同样是成正比的。在这方面，国家历来给予充分重视。

1983 年 5 月，国务院批转劳动人事部、国家经委、全国总工会《关于加强安全生产和劳动安全监察工作的报告》时指出："各部门、各地区应有计划地对干部、工人进行培训，提高他们的生产管理和安全技术知识。"

2004 年 1 月 9 日，国务院下发《关于进一步加强安全生产工作的决定》，指出："搞好安全生产技术培训。加强安全生产培训工作，整合培训资源，完善培训网络，加大培训力度，提高培训质量。生产经营单位必须对所有从业人员进行必要的安全生产技术培训，其主要负责人及有关经营管理人员，重要工种人员必须按照有关法律、法规的规定，接受规范的安全生产培训，经考试合格，持证上岗。完善注册安全工程师考试、任职、考核制度。"

知识就是力量，无知就是灾难。在安全生产和平安生活方面，具备较高的安全素养，可以化险为夷；相反，如果安全素养欠缺，则可能以身犯险，付出巨大代价，从以下正反两个案例就可以清晰地看出来。

1983 年 4 月 17 日 15 时，黑龙江省哈尔滨市道里区河图街发生特大火灾，大火持续燃烧了十余个小时，烧过五条街，烧毁房屋 215 栋，其中楼房 7 栋，758 户人家受灾，有 9 人被烧死，10 人被烧伤，直接经济损失 780 万元。在这场大火中，有一户楼上居民发现火情严重后，已经逃不出去了，于是迅速将阳台上的可燃物全部搬进屋中，并往阳台上泼水；接着又紧闭门窗，将毯子、被褥、棉衣等用水浸湿后将门窗蒙住，还不时向上浇水。在第二天大火被扑灭后，全家安然无恙，只是木门窗外面有些地方被烧焦。

2010 年 11 月 5 日，吉林省吉林市吉林商业大厦发生火灾，造成 19 人死亡，24 人受伤，过火面积约 15830 平方米，起火原因是电气线路短路。然而，令人深深惋惜的是，在不幸遇难的19人当中，有十余人在着火之初已经逃出大厦，后见火势不大，又返回去取钱物，结果再也没能跑出来。

可见，有没有安全知识，在灾难来临时采取的应对措施差别就很大，而结果也会截然不同。

现代社会作为一个工业化特征越来越明显的社会，无论是生产领域还是生活领域，各种风险和隐患可以说是无处不在，努力增强安全防护方面的科学素养，已经成为现代人的一项紧迫课题。无数事故案例一再警示我们，漠视安全、疏忽大意、缺乏安全自救互救知识就是对自己的生命和健康不负责任，将会付出沉重的代价。

随着从中央到地方，以至各个行业和企业对安全生产和安全发展的日益重视，加强安全宣教、普及安全知识、提高全民安全素质已经成为许多地方共同采取的一项重大措施。一些地方为提高党政干部的安全素质，还将安全知识纳入党政干部培训体系，促使各级领导干部进一步重视安全工作，提高安全管理工作水平。请看报道：

### 内蒙古消防安全管理纳入党政干部培训体系

**本报讯(记者杨亚东、通讯员董国荣)** 记者从内蒙古自治区消防总队了解到，为牢固树立“全民消防、生命至上”的理念，深入推进构筑社会消防安全“防火墙”工程，切实提高社会火灾防控能力，有效遏制重特大火灾事故发生，经内蒙古自治区消防总队积极沟通，内蒙古自治区党校决定自今年起将社会消防安全管理纳入对地方各级党委、政府领导干部、各有关部门负责同志以及中青年干部的培训体系。

据介绍，内蒙古自治区消防总队将组织国家级消防专家组成精干师资队伍，从国家消防工作方针和政策、消防法律法规、火灾预防知识等培训内容着手，通过培训不断提高各级党政领导干部和党员的消防安全素质，使各级领导干部自觉履行在消防安全工作中所承担的责任,为自治区经济建设和社会发展做出应有的贡献。

**原载 2011 年 9 月 13 日《新报》**

可以说,人的素质不仅对于经济社会的持续发展具有决定性的作用,而且对于安全生产工作同样具有决定性的作用。而在人的素质当中,安全生产、安全生活方面的科学素养又占有十分重要的地位。加强对人的安全方面的科学素养的投入,使人具备充足的安全意识、安全思想、安全知识、安全技能,将对安全生产发挥出持久的作用;在这方面的投入,必将得到加倍的回报。

加强职工的教育培训,提高职工的业务能力和安全生产技能,一定会相应提高企业安全生产水平,这是确定无疑的;而且,在这方面的投入越大,回报也会越大,也同样是确定无疑的。

国际劳工组织编写的《事故预防》一书中指出:“预防工业事故的早期努力,主要集中在机械防护和安全装置上。但不久就认识到,单靠机械防护装置是不够的,而且对消除事故的根本原因起的作用很小。逐渐地人们认识到了,事故预防中人的因素和安全教育的必要性。”

据统计,我国工业生产中近 90% 的事故是由于违章指挥、违章操作、违反劳动纪律这“三违”所引起的,由此可见人的素质和能力对于安全生产的决定性影响。要实现安全发展和安全生产,必须坚持以人为本,只有持续投入,不断提高广大劳动者的安全意识和安全技能,同时不断改善工作场所的生产环境和作业条件,防止和减少职业危害,才能将以人为本抓安全落到实处,最终也一定会得到应有的安全回报。

## 第三节 学生安全教育投入

抓好安全生产工作,根本在人,在于人的安全意识、安全技能和安全素养。当前我国安全生产基础仍然比较薄弱,安全工作十分被动，从根源上讲就是各行各业从业人员的安全素养不够，安全意识和技能不适应社会主义现代化建设的要求、不适应社会化大生产对劳动者安全方面日益严苛的要求。

要从根本上改变我国安全基础薄弱、安全水平不高、安全事故多发、安全形势严峻的状况，必须从源头抓起，从我国各项事业建设者的来源——在校学生抓起。我国在校学生总数约为 2.37 亿人，其中小学教育阶段 1.05 亿人，初中教育阶段 0.57 亿人，高中教育阶段 0.45 亿人，高等教育阶段 0.3 亿人。及早抓好这两亿多学生的安全教育，对改进和提高我国安全生产工作水平将起到决定性和持久性的作用。

提高人员素质、促进安全生产，历来得到党中央、国务院领导同志的高度重视。1988 年 11 月 30 日，全国安全生产委员会召开会议，国务委员、全国安委会主任邹家华在会上指出："安全生产状况不好，在很多情况下与干部和职工的素质下降有着密切关系。许多同志不重视安全工作，有的同志不懂得安全生产的重要性，不了解安全生产应该注意哪些问题，应该采取哪些措施才能做到安全生产，缺乏安全生产的知识。安全生产委员会应针对这个问题为提高干部、职工乃至全社会的安全意识大力开展宣传教育工作。"

1995 年 7 月 24 日，中共中央政治局委员、国务院副总理吴邦国在全国安全生产工作电话会议上指出："提高安全生产的科学技术水平，很重要的一个方面是要提高职工和全民的安全生产素质。这既是安全生产的一项重要基础性工作，也是一项长期而艰巨的任务。各级党委和政府要通过加强安全生产宣传和教育、提倡安全文化等措施，促进全社会的安全生产意识和素质的普遍提高。"

由于企业职工安全意识不强、安全技能不高，致使工厂企业生产安全事故不断，导致我国安全生产形势十分被动；而广大劳动者安全意识不强、安全认识不深、安全技能不高的状况，早在若干年前他们还是一名在校学生时，就已经留下这样的重大隐患了——这一点，至今还没有引起有关各方的重视。扭转我国安全生产形势严峻的被动局面，必须从根本和源头抓起，也就是从广大未成年人和在校学生抓起；只有全面提高他们的安全素质，才能从根本上解决问题。

从我国小学、中学、大学在校学生抓起，提高他们的安全素质，主要基于两个方面的考虑，一是学生由于其安全意识、安全知识的欠缺以及社会经验的不足，同社会其他人群相比，更容易受到伤害；二是我国一代又一代社会主义建设事业的接班人绝大多数都是从学校走出来的，在校学习期间打好安全素质的基础，走上工作岗位后更容易成为一个合格的接班人。

由于少年儿童和在校学生这个群体的弱小，使他们更容易受到来自外界的伤害。为了保护好他们，一些国家和联合国专门作出了规定。

苏联教育部于 1985 年颁布《苏联中小学生标准守则》，对五至九年级学生提出了十条要求，其中第十条规定："了解和严格遵守交通规则、防火规则和水上行为规则。"

1989 年 11 月 20 日，第 44 届联合国大会通过了《儿童权利公约》；从 1990 年开始，联合国将 11 月 20 日确定为"国际儿童日"并举办相应纪念活动。《儿童权利公约》第六条明确规定："缔约国确认每个儿童均有固有的生命权。缔约国应最大限度地确保儿童的存活与发展。"

我国中小学生容易受到伤害，其中农村学生尤其如此，这直接受到两个重要因素的影响，一是农村中小学撤点并校，二是农村儿童留守。

撤点并校是指自 20 世纪 90 年代末已经存在、2001 年正式开始的一场对全国农村中小学重新布局的教育改革，就是大量撤销农村原有的中小学，使学生集中到小部分城镇学校。启动这项改革的《国务院关于基础教育改革与发展的决定》的文件指出，地方政府"因地制宜调整农村义务教育学校布局"，而且还强调了小学合并要"适当合并”、“就近入学”。

由于撤点并校可以让地方财政节省教育投入，因此短时间内撤点并校成了中国教育发展的一种大趋势。有数据为证，1997 年的全国农村小学数为 512993 所，到 2009 年剧减为 234157 所，一共减少了 278836 所，平均每天减少 64 所农村小学。

钱是省下来了，但其负面效应也日益显现，其中最典型的就是交通安全问题。由于节省下来的钱用于教育条件的改善上不足，很多孩子上学就得长途跋涉，没有校车，家长只能让孩子坐拖拉机，或者家长集中拼车，而这些所谓的校车多是“问题车”，所以农村校车安全隐患广泛存在，并不断发生伤亡事故。

留守儿童的现象也不容忽视。2013 年 5 月，全国妇联发布《我国农村留守儿童、城乡流动儿童状况研究报告》指出，我国农村留守儿童数量达到 6102 万人，占农村儿童的 37.7%，占全国儿童的 21.9%，总体规模还在扩大，全国每 5 个孩子中就有一名留守儿童。由于和父母的长期分离，留守儿童生活、照顾、安全保障和接受教育等都受到不同程度的影响。

以上情况表明，加强在校学生的安全教育和保护，已经成为全社会一项十分重大而又紧迫的任务。

为了增强广大在校学生的安全意识，提高他们的自我保护能力，国家进行了多方面的努力，设立全国中小学生安全教育日就是一个有力举措。

1996 年，我国确定，每年 3 月份最后一周的星期一作为“全国中小学生安全教育日”。

安全事故已经成为 14 岁以下少年儿童的第一死因。在校园安全方面，涉及青少年生活和学习的安全隐患有 20 多种，包括交通事故、火灾火险、溺水等。有专家指出，通过安全教育，提高中小学生的自我保护能力，80%的意外伤害将可以避免。为全面推动中小学安全教育工作，大力降低各类伤亡事故的发生率，促进中小学生健康成长，国家教委、劳动部、公安部、交通部、铁道部、国家体委、卫生部1996年初联合发出通知，决定建立全国中小学生安全教育日制度。

全国中小学生安全教育日每年确定一个主题，历年安全教育日主题分别如下。

1996年：全社会动员起来，人人关心中小学校安全工作

1997年：交通安全教育

1998年：注重防范，自救互救，确保平安

1999年：消防安全教育

2000年：保证中小学生集体饮食安全，预防药物不良反应

2001年：校园安全

2002年：关注学生饮食卫生，保障青少年健康

2003年：大力提高中小学生及幼儿的自我保护意识和能力

2004年：预防校园侵害，提高青少年儿童自我保护能力

2005年：增加交通安全知识，提高自我保护能力

2006年：珍爱生命，安全第一

2007年：强化安全管理，共建和谐校园

2008年：迎人文奥运，建和谐校园

2009年：加强防灾减灾，创建和谐校园

2010年：加强疏散演练，确保学生平安

2011年：强化安全意识，提高避险能力

2012年：普及安全知识，提高避险能力

2013年：普及安全知识，确保生命安全

2014年：强化安全意识，提升安全素养

2015年：我安全、我健康、我快乐

2007年2月，国务院办公厅转发《教育部中小学生公共安全教育指导纲要》，对中小学生在校进行公共安全教育作出具体部署，要求通过开展公共安全教育，培养学生的社会安全责任感，使学生逐步形成安全意识，掌握必要的安全行为的知识和技能，了解相关的法律

法规常识，养成在日常生活和突发安全事件中正确应对的习惯，最大限度地预防安全事故发生和减少安全事件对中小学生造成的伤害，保障中小学生健康成长。

随着全社会特别是教育部门对在校学生人身安全的日益重视，安全教育课程越来越多地进入学校，配备安全教育教师也得到重视。请看报道：

### 公安部教育部联合发文
### 消防安全知识纳入中小学教学内容

**本报北京8月29日电（记者张洋）** 日前，公安部、教育部联合下发通知，各中小学要将消防安全知识纳入教学内容，每学期开学第一周和寒（暑）假前安排不少于4课时的消防知识教育课程，每学期组织一次火灾疏散逃生演练；每学年参观一次消防队站、消防科普教育基地，并布置一次家庭消防作业；每年的“全国中小学生安全教育日”、“防灾减灾日”、“119”消防日期间，要集中开展知识竞答、消防运动会、主题展览、疏散演练等消防主题活动。

《通知》要求校园电视、广播、网站、报刊、板报等，每月要至少刊播一次消防安全常识。同时，学校教室、宿舍等醒目位置要设置应急疏散示意图、消防标识、宣传橱窗（标牌）。

**原载2013年8月30日《人民日报》**

### 中小学须配安全教育教师

**本报讯（记者李志峰）** 昨日，由市教委组织的全市中小学安全教育教师专题培训在巴蜀实验中学启动。市教委表示，按照教育部《中小学生公共安全教育指导纲要》要求，所有中小学必须落实专兼职安全教育教师，负责本校安全教育和安全稳定工作，享受中层干部待遇。

**原载2010年12月15日《重庆日报》**

同时，社会各界对保护学生人身安全也给予高度重视。为了增强中小学生交通安全意识，减少中小学生交通安全事故的发生，2010年11月5日，由中国关心下一代工作委员会主办的全国中小学生交通安全教育活动在北京人民大会堂正式启动，提出中小学生交通安全要引起各部门和全社会的高度重视，要加强中小学生安全教育，把交通安全工作落到实处。

2011年8月，国务院印发《中国儿童发展纲要（2011—2020年）》，指出："营造尊重、爱护儿童的社会氛围，消除对儿童的歧视和伤害。"

我国历来重视对学生的关爱、教育和培养，至今已经对在校学生进行了"五育"，包括德育、智育、体育、美育、劳育（即劳动教育）；在如今新形势下，必须组织专门力量全方位加强第六育——安育即安全教育，而且应当将安育设为"六育"之首，将它当作学生教育的头等大事来抓，切实抓出成效，这才是对两亿多学生的真正爱护、真心培育。

加强学生安全教育投入，是一项功在当今、利在千秋的大事和善事。抓好这项工作，既是一项关爱学生的爱心工程，又是一项培养亿万社会主义建设事业合格接班人的基础工程，更是一项推进我国经济社会安全发展的战略工程，其重大的现实意义和深远的历史意义无论怎样评价都不为过，值得全社会齐心协力共同抓好。

## 第四节　安全法律投入

立法、监察和工伤保险是市场经济国家安全生产工作的三大支柱，要抓好安全生产，离开了安全法律是不可想象的。

安全生产法律是为了保护劳动者的安全健康，保障生产人员的利益和法定权益，保障社会财富和人民生命安全的法律。各国的安全生产法律法规从无到有，从单一的到综合的，从只适用于某一特定范围的法律法规到适用面更广的法律法规，并辅以一系列的从属法规，形成全面、完整的安全生产法律体系，经过了一个相当长的历史阶段。世界范围内的安全立法，人类进入20世纪才开始联合行动，这就是1919年第一届国际劳工大会制定的有关工时、妇女及儿童劳动保护的一系列国际公约。

安全法制是保障安全生产最有力的武器。加强安全法律法规的投入，实行依法管理安全，是工业发达国家所走过的共同道路，我国也不例外。要从根本上扭转我国安全生产被动局面，就必须加大对安全生产法律法规方面的投入，一方面要建立完善安全生产法律法规，另一方面就是严格执法。

我国安全生产法制建设工作历程，大致可以分为以下四个阶段。

第一阶段是从1949年到1978年。

1949年9月召开的中国人民政治协商会议通过的《中华人民政治协商会议共同纲领》第三十二条明确规定："实行工矿检查制度，以改进工矿的安全和卫生设备。"1954年9月通过的新中国第一部《宪法》第九十一条规定："国家通过国民经济有计划的发展，逐步扩大劳动就业，改善劳动条件。"从1949年到1978年，我国安全生产法制建设进展缓慢，这一阶段制定的安全生产及劳动保护方面的制度以国务院及有关部门和地方的政令、规程、办法、意见、通知等规范性文件形式发布，还没有制定安全生产法律。

第二阶段是从1978年到1991年。

改革开放的实施，有力推动了我国安全生产法制建设的进程。1983年9月2日，第六届全国人民代表大会常务委员会第二次会议通过《中华人民共和国海上交通安全法》，并于1984年1月1日起施行。除此之外，我国先后制定实施了多部安全生产方面的行政法规。1982年2月，国务院发布《锅炉压力容器安全监察暂行条例》、《矿山安全条例》和《矿山安全监察条例》，这三个行政法规是我国颁布的最早的有关安全生产的专门行政法规。此后，我国又发布了《民用爆炸物品管理条例》、《内河交通安全管理条例》、《化学危险品安全管理条例》、《道路交通管理条例》、《特别重大事故调查程序暂行条例》、《企业职工伤亡事故报告和处理规定》等。

第三阶段是从1992年到2000年。

这一阶段是我国真正建立起安全生产法律制度的时期，主要标志之一是1992年11月7日第七届全国人大常委会第28次会议通过《矿山安全法》，这是新中国成立后制定的第一部有关安全生产的专门法律。1994年7月5日，第八届全国人大常委会第8次会议通过《劳动法》。这两部法律的颁布施行，使广大从业人员的生产安全和健康有了法律保障，安全生产工作有了明确的法律依据，对我国安全生产工作产生了积极影响，使我国安全生产工作进入了法制轨道。1996年8月颁布《煤炭法》，1998年10月颁布《消防法》，我国安全生产方面的法律日益增多。

第四阶段是从2001年至今。

随着我国于2001年12月加入世界贸易组织，以及社会主义市场经济体制的不断完善，我国安全生产法制建设也进一步深化。

2001年10月，第九届全国人大常委会第24次会议通过了《职业病防治法》。2002年6月，第九届全国人大常委会第28次会议通过了《安全生产法》，这是我国第一部安全生产综合性法律，也是我国安全生产法律体系的主体法。2003年10月，第十届全国人大常委会第5次会议通过了《道路交通安全法》。2004年1月颁布了《安全生产许可证条例》。

在国家层面安全生产法律法规不断建立完善的同时，地方性安全生产法规建设也有很大的进展。各省、自治区和直辖市人民代表大会及其常务委员会非常重视地方性安全生产立法工作，取得了明显成效。改革开放以来，大多数省（区、市）都制定了《劳动保护条例》或《劳动安全卫生条例》。1992年《矿山安全法》颁布后，有26个省（区、市）制定了《〈矿山安全法〉实施办法》。2002年《安全生产法》颁布后，很多省（区、市）又根据《安全生产法》制定了一批地方性的安全生产法规。

多项国际劳工公约在我国实施。国际劳工组织制定的劳工公约属于国际法范畴，虽然不包括在我国的法律体系中，但是我国政府批准的，同样要强制执行。我国批准的比较重要的公约有：1990 年化学品公约（第 170 号公约），我国 1994 年批准；1973 年准予就业最低年龄公约（第 138 号公约），我国 1998 年批准；1988 年建筑业安全卫生公约（第 169 号公约），我国 2001 年批准；1981 年职业安全和卫生及工作环境公约（第 155 号公约），我国 2006 年批准，等等。

以上这些法律法规的发布施行，对于加强安全生产、减少安全事故、保障国家财产和人民群众生命安全发挥了十分重要的作用。

加强安全生产法律法规的投入，建立完善各项安全生产法律法规还只是第一步，之后就是宣传学习安全生产法律法规，使人人了解掌握安全生产法律法规。

从 1986 年到 2010 年，我国先后进行了 5 次五年法制宣传教育，取得了显著成效，宪法和法律得到较为广泛的普及，全体公民宪法和法律意识明显增强，全社会法治化管理水平逐步提高，法制宣传教育在落实依法治国基本方略、服务经济发展、维护社会和谐稳定方面发挥了重要作用。

2011 年 3 月 23 日，中共中央、国务院转发《中央宣传部、司法部关于在公民中开展法制宣传教育的第六个五年规划（2011—2015 年）》。《规划》明确指出，要深入“学习宣传保障和改善民生的法律法规，包括安全生产、抗灾救灾、公共卫生等方面的法律法规，保障群众生命财产安全”。所以，加强安全生产法律法规的投入，还要注重这些法律法规的普及学习，这也是一项长期的任务。

加强安全生产法律法规的投入，最重要的就是严格执法。

受多方面因素影响，我国安全生产工作中有法不依、执法不严的现象还普遍存在，这也是导致我国安全生产形势被动的一个重要原因。

1986 年 12 月 23 日，江泽民同志在任上海市市长时，在上海市安全生产工作会议上指出:“要加强法制观念,严格执行各项规章制度、法规、条例,进行规范化操作。现在有些职工和干部,为什么置安全规章制度于不顾,违章操作,冒险蛮干,在一定程度上还是缺乏法制观念的表现。安全操作规程,一经颁布,在一定程度上具有‘法’的效果,是一定要严格执行的。”

1995 年 7 月 24 日,中共中央政治局委员、国务院副总理吴邦国在全国安全生产工作电话会议上指出:“在立法工作取得较大进展的同时,必须特别强调执法工作。很多不安全问题的出现都与执法不力有关,执法部门的权威也没有完全树立起来。安全生产方面有法不依、执法不严、违法不究的现象,还在一些地区和部门严重存在……颁布了法规,就要实施,不实施,不执法,法规等于一纸空文。从这个意义上说,执法与立法同样重要。负责安全生产监察、监督的部门,一定要忠于职守,严格执法。”

2000 年 4 月 7 日,吴邦国在全国加强安全生产防范安全事故电视电话会议上指出:“事故明显增多,重大、特大事故频繁发生,其重要原因,一是对安全生产和防范安全事故工作重视不够……二是有法不依,有章不循,执法不严,违法不究。主要表现在一些地方非法生产经营猖獗、安全管理混乱、安全监督薄弱,甚至有极少数人徇私舞弊、贪赃枉法、搞权钱交易。这些问题已经到了非下决心认真解决不可的时候了。”

针对这一严重问题,吴邦国明确要求:“要严格执行有关法律法规和各项规章制度。从严管理、强化监督是加强安全生产和防范安全事故的有效途径。目前,责任事故仍居高不下,占事故总数的 90%以上,这种状况必须坚决改变。各地区、各部门、各单位要加强安全管理,常抓不懈,严格执行有关规定和要求,真正把各项规章制度落到实处。各监督执法部门要认真履行职责,依法行政,加强经常性的监督检查,做到执法必严,违法必究。”

2005 年 8 月 25 日,全国人大常委会副委员长李铁映在第十届人大常委会第17次会议上就《中华人民共和国安全生产法》实施情况进行报告，指出："执法不力。《安全生产法》明确规定了各级政府及有关部门的监管职责。检查中发现，监管部门存在'气不壮、不适应'的问题，执法不严，不能有效制止违法行为。一是资源管理混乱……二是安全监管不到位……三是惩处力度不够……四是执法犯法和腐败行为时有发生。"在分析导致这一状况的原因时李铁映指出："目前全社会安全生产的法制意识不强，不安全生产不认为是违法，不依法监管不认为是违法，对违法者惩处不力也不认为是违法……不少职工也缺乏安全生产知识和自我保护意识，不能运用法律手段保障自己的合法权益。"

2006年1月23日，温家宝同志在全国安全生产工作会议上指出："做好安全生产工作根本靠法制。要抓紧修改完善有关安全生产的法律法规，地方有关安全立法工作要加快进度。要加强安全执法工作，提高执法能力和水平，彻底改变有法不依、执法不严、违法不究的状况，维护法律法规的权威性和严肃性。对违反安全生产法律法规，酿成重特大事故的，要依法严惩、以儆效尤。"

我国安全生产领域执法不严、不力的情况，从2005年11月27日黑龙江省龙煤集团七台河分公司东风煤矿发生特别重大煤尘爆炸事故，导致171人死亡，直接经济损失4293万元，而对有关责任人的法律处理在事故发生近两年后还没有进行就可看出。请看报道：

### 李毅中质问：七台河矿难责任人为何两年还未处理？

**本报讯(记者王冬梅)** 国家安监总局局长李毅中今天(22日)再次质疑："11·27"事故发生快两年了，移送司法机关的10多名责任人，为何还没有得到处理？按照有关规定，移送司法机关、如何判刑等都应该向社会公布，希望早点把处理结果透明地公布。

黑龙江省省长张左己表态：一定要记住"11·27"事故的教训，事故中该处理的干部已经处理，但造成矿难的主要责任人移交检察院后却还没有得到处理，逍遥法外，怎么得了？不能睁一只眼闭一只眼，要好好查！

2005 年 11 月 27 日，龙煤集团七台河分公司东风煤矿发生特别重大煤尘爆炸事故，死亡 171 人，伤 48 人。国务院调查组认定：这是一起重大责任事故。

2006 年 7 月，经国务院常务会议研究，同意对东风煤矿矿长马金光、龙煤集团七台河分公司调度室主任杨俊生等 11 人移送司法机关追究刑事责任；同意对龙煤矿业集团有限责任公司总经理侯仁等 21 人给予相应的党纪、政纪处分。

今天再次提起那次事故，李毅中的眼圈红了。11 月 21 日，李毅中特意率领督查组到东风煤矿走访，在曾经发生事故的井口，他声音略显颤抖地说："当年我就站在这里等待救护队的人员救出死难的矿工，心情非常沉痛。"

当李毅中了解到"11·27"事故中包括矿长在内的 11 名事故责任人还没有得到处理，他气愤地说："我是事故调查组组长，有权利责问事故责任追究。事故发生快两年了，为什么还没有处理结果？"李毅中当即请黑龙江省副省长刘海生了解此事。随后，当地有关方面反馈的信息是：大家都觉得很奇怪，谁都不清楚怎么回事。

在今天督查组与黑龙江省政府交换意见时，李毅中指出黑龙江省安全生产工作存在"死角漏洞"等问题。比如，七台河市在"回头看"过程中，对规模以下小企业还没有进行补课；城子河瓦斯发电机组现场查看中，发现没有瓦斯浓度监控设施；东风煤矿瓦斯抽采率只有 17%，远低于全省平均水平。

**原载 2007 年 11 月 23 日《工人日报》**

随着我国依法治国方略的深入实施，以及依法治"安"工作的扎实推进，开展安全生产执法行动、打击非法和违法生产经营行为、努力建立规范的安全生产法治秩序日益受到重视，并成为当前我国改进安全生产状况、推进经济社会安全发展的一个重大措施。

为了持续推进依法治"安"工作，国务院在2011年11月26日印发的《关于坚持科学发展安全发展　促进安全生产形势持续稳定好转的意见》就进一步加强安全生产法制建设，明确规定了三项工作任务：健全完善安全生产法律制度体系，加大安全生产普法执法力度，依法严肃查处各类事故。

影响我国安全生产的问题，都同安全生产法制建设有着直接间接的关系。要从根本上扭转我国安全生产被动局面，就必须加大安全法律法规的投入，实行依法治"安"，使我国安全生产工作进一步走上法制化、规范化的轨道。

## 第五节　安全科技投入

科学技术是生产力发展的重要动力，是人类社会进步的重要标志。加大安全科技的投入，实施"科技兴安"战略，是"科学技术是第一生产力"在安全生产领域的具体体现，是现代社会工业化生产的内在要求，也是改变我国安全生产基础薄弱、工艺陈旧、技术落后状况，实现安全生产形势根本好转的一个重大举措。

2003年12月，国家安全生产监督管理局、国家煤矿安全监察局联合发布《国家安全生产科技发展规划(2004—2010)》，指出，安全生产科技基础薄弱、安全科学技术落后于生产技术的发展，是我国安全生产形势严峻的重要原因之一。

随着社会经济和科学技术的发展，安全生产事业越来越多地依靠科技进步。安全科技是安全生产的基础和保障，安全科技发展必须有所超前，已在国际上形成广泛共识。

发达国家安全科研投入主要来自于政府财政拨款，企业的投入主要是满足安全生产和生产经营活动顺利进行的需要，并由企业自主决定。美国政府拨付给国家职业安全健康研究院和事故伤害预防与控制中心的经费逐年增加；英国安全与健康局每年掌握专项科研经费，专门用于安全生产科技问题研究。

改革开放以来，我国安全生产科技得到了较大的发展，具备了一定的规模，管理水平不断提高，成为我国科技事业的重要组成部分，对推动安全生产事业的发展发挥了重要作用。

但与此同时，我国安全生产科技发展严重滞后于经济和社会的发展，在科学技术整体中属于发展落后领域，尚不能为安全生产提供足够的支撑和保障。目前，安全生产科技工作中存在的主要问题，一是安全生产理论研究和理论创新严重滞后于安全生产实践；二是安全生产科技整体水平不高；三是安全生产技术基础薄弱；四是国家安全生产监管监察缺乏有效的科技支撑；五是安全生产科技力量趋于分散、科技工作缺乏整体性；六是安全生产科技投入严重不足。

近年来，由于各方面对安全生产工作的高度重视，不断加大对安全生产的科技投入，在引进新设备、新技术、新工艺、新材料和开展科技攻关等方面，取得了令人瞩目的成绩。目前，科学技术已经成为安全生产工作的重要内容之一，在预防事故、保护职工身心健康方面发挥了重要作用。实践证明，凡是技术先进的生产单位，安全生产基础就扎实，事故就少，安全生产形势也较为稳定；凡是技术落后的生产单位，安全生产基础就薄弱，事故就易发多发，安全生产形势就比较严峻。分析一些行业和企业发生重特大事故的原因，除了管理因素外，其以科技水平为标志的生产力发展水平低也是一个十分重要的因素。

2010 年 8 月 5 日，智利圣何塞铜矿发生塌方事故，33 名矿工被困在地下近 700 米深处。经过 69 天全力抢救，到 10 月 13 日，33 名矿工全部获救，创造了零死亡奇迹般的救援，而这一奇迹的诞生同铜矿预先就已建立的比较健全的应急设施是分不开的——正是井下紧急避难所，对于 33 名矿工在救援人员实施救助前延续生命起到了关键作用。地面救援人员在 8 月 22 日发现井下矿工位置，并于 8 月 23 日起通过输送管道将食物、水、药品等物品送至井下，而此前的十多天里，井下被困人员就依靠避难所中储存的食品维持生命。如果当初矿业公司没有遵守规定准备好这些设施和物资，受困矿工恐怕难以等到救援到来的这一天，又何谈零死亡救援奇迹。

矿山应急救援设施早已在发达采矿国家得到了广泛应用，美国、加拿大等国家有关法规中都有明确规定。2006 年美国国会通过的《矿工法》就规定，煤矿必须建立电子监控和无线双向沟通系统，同时建立井下逃生室以应对可能发生的灾难。智利圣何塞铜矿事故 33 名被困矿工能够获救，井下避难所发挥了至关重要的作用。

大量煤矿事故的惨痛教训表明，在发生事故之时，因为爆炸、坍塌、冲击波等伤害而遇难的人员，仅占事故死亡人数的 10%左右，而其他 90%的人员遇难，都是由于事故发生后现场氧气耗尽，或是含有高浓度有毒有害气体，或是逃生路线被阻断而无法及时撤离到安全区域造成的。因此，建设一个使现场人员能够及时避开危险的安全场所，就成为减少事故伤亡最有效、最可靠的措施。

早在 2003 年 12 月，国家安全监督管理局和国家煤矿安全监察局发布的《国家安全生产科技发展规划》就明确指出，实施科教兴国、科教兴安战略，建立安全生产长效机制，是我国安全生产工作的必由之路；依靠科技进步创造本质安全化作业条件和作业环境，是安全生产发展适应全面建设小康社会要求的必然选择。

《国家安全生产科技发展规划》指出，安全生产事业的发展对科技工作提出了更高的要求，产生了巨大的科技需求，主要反映在以下七个方面：

**一是安全生产科技发展的政策环境。**安全生产与人口、环境、资源同属政府社会管理的重要内容，应是可持续发展战略的重要组成部分，安全生产事业的相关政策应属国家的基本政策。需要建立与安全生产在经济、社会、国家安全中的地位相适应的安全生产科技政策和措施。

**二是系统的、能够指导安全生产实践的理论体系。**既为国家安全生产宏观管理提供理论依据，又为企业安全生产微观管理提供理论基础，并为安全工程技术实践提供理论指导。为此，零散的研究力量急需整合，单项的研究急需系统化。

**三是共性、关键性、综合集成安全技术与装备。**通过"八五"、"九五"和"十五"前三年攻关，研究、开发了一批共性、关键性安全技术，但为数有限。许多严重制约安全生产的关键性问题尚未攻克，且随着工业生产的高速发展，危险因素的种类增多，灾害防治的复杂性在增加。急需开展共性、关键性、综合集成安全技术的研究开发，提高对重特大灾害事故的防范控制水平，提升安全防护水平。

**四是先进安全生产管理技术。**需要大力开展安全评价技术、重大危险源管理技术、安全信息技术、安全生产责任体系、事故预防与工伤保险相结合机制等的研究，促进安全生产管理体制和机制的创新。同时，提高国家安全生产监管监察的针对性、时效性和科技含量，开展监管手段的创新，实现关口前移，也是当务之急。

**五是安全科技与安全生产、社会经济发展的紧密结合。**安全科技应面向安全生产，安全生产要紧紧依靠安全科技。在安全生产事业中，需要进一步发挥科技是第一生产力的作用，依靠安全科技发展提升安全生产事业的整体水平。

**六是安全生产技术法规和技术标准。**《安全生产法》的颁布执行，对与之配套的技术法规和标准的制订提出更高的需求；安全生产科技发展和企业技术升级需要技术标准的支撑和促进；加入世贸组织后的新形势需要安全生产技术标准尽快与国际接轨。

**七是安全生产科技支撑平台的研究与建设。**建设安全生产科技支撑平台，为安全生产及其监管监察提供强有力的科技支撑，是提高安全生产科技含量，建立安全生产长效机制，保障和促进安全生产的重要基础工作，是目前我国安全生产之急需。

2006年8月，国家安全生产监督管理总局印发《"十一五"安全生产科技发展规划》指出："十一五"时期，我国经济将继续保持平稳较快发展势头，安全生产科技面临着重大挑战和巨大要求，一是迫切需要创新安全生产理论和建立技术标准体系；二是急需加强安全生产的关键共性技术科技攻关；三是急需壮大安全科技人才队伍；四是急需开展安全科技成果推广应用与示范。

由于全社会的日益重视，国家和企业对安全科技投入不断加大，通过广大安全生产科研人员和安全一线工作者的努力，到“十五”中期，我国安全生产科技工作已经取得了一批重大成果。“八五”期间，开展了“重大危险源的辨识与评估”、“在役锅炉、压力容器安全评价与爆炸预防技术研究”和“煤矿重大恶性事故防范”等国家科技攻关研究。“九五”期间，开展了“城市重大危险源及监控预警系统”、“在役工业压力管道安全评估与重要压力容器寿命技术研究”和“改善煤矿安全状况综合配套和关键技术研究”等国家科技攻关研究。“重大工业事故与大城市火灾防范及应急技术研究”列入“十五”国家攻关项目之中。此外，在国家重点基础研究发展计划(973 计划)、国家高技术研究发展计划(863 计划)、国家和地方自然科学基金、各省市科委科技资金中都安排了部分安全生产科研项目。企业为预防和减少事故损失，在安全科技方面也有一定的投入。通过以上途径，我国在安全科学基础理论与应用、重大工业事故预防预警与应急救援、重大危险源监控、安全科学管理等方面，取得了一系列科研成果。

科技对安全生产事业产生不可替代的促进作用，有力地推动了经济发展。石油工业健康、安全与环境管理体系(HSE)的研究、开发和推广应用，有力推动了企业安全管理水平的提高，实现了与国际接轨；铁路运输通过加大安全科技投入，采用先进的安全技术装备，提高基本运行的本质安全能力，明显减少了各类事故，为铁路四次提速创造了基础；矿山通过引进、开发和推广使用正压氧气呼吸器，使矿山救护队的作战能力有了显著提高，提升了矿山应急救援整体水平。

安全科技成果转化和产业化工作取得重要进展。安全装备产业已基本形成，数以万计的专业生产厂家生产安全产品。安全科研院所通过企业化改制，正向科技研发、生产、销售、服务一体化方向发展。

安全防护产业初具规模。各种安全防护装备、用品、用具对保护人员的安全健康起到巨大作用，促进了安全防护产业的发展。各种功能型材料等的不断开发并产业化，使安全防护产业的技术含量不断提高。

"科学技术是第一生产力"的思想，在我国早已家喻户晓，深入人心。正是出于对安全科技对于安全生产巨大作用的深刻认识，各个地方政府对于实施科技兴安战略更加主动，不断加大对安全科技的投入，从一些地方领导同志的讲话和地方安全生产发展规划中可以清楚地看到。

2010 年 11 月 9 日，江西省人民政府印发《关于进一步加强企业安全生产工作的实施意见》指出："加强安全生产技术研发。鼓励科研院所、企业开展安全科技研发，加快安全生产关键技术装备的自主创新和换代升级。把安全生产技术研发纳入《江西省中长期科学和技术发展规划纲要(2006—2020 年)》，加大对高危行业安全技术、装备、工艺和产品研发的政策支持力度，引导高危行业提高机械化、自动化生产水平，合理确定生产一线用工。'十二五'期间，要继续组织研发一批提升我省重点行业领域安全生产保障能力的关键技术和装备项目。"

2011 年 1 月 6 日，河南省人民政府印发《安全河南创建纲要(2010—2020 年)》指出："完善安全生产技术支撑体系。构建安全生产科研协作体系，2012 年年底前形成省级安全生产科研协作体系。建立健全省、市、县三级安全专家组，培育发展安全生产、职业安全健康评价、咨询、培训等社会中介组织，2012 年年底前形成安全生产专家咨询服务体系。2012 年年底前启动一批煤矿瓦斯灾害综合防治、危险化学品重大危险源监控和应急救援、金属非金属矿山典型灾害监测预警、烟花爆竹涉药工序人与药分离等示范项目。”

可以看出，全国各地对于发挥科技在安全中的作用是十分重视的，并且采取了一系列扎实的措施加以推进，先进的安全科技和装备在安全生产中的作用也正在显现。要扭转我国安全生产工作的被动局面，坚持科技兴安是必然的选择。

## 第六节　安全理论投入

思想是行动的先导，理论是实践的指南。抓好安全生产工作，加大安全生产投入，必须加大安全生产理论的投入，用以指导安全生产工作实践。在安全生产理论研究和理论创新上的滞后，已经拖了我国安全生产工作的后腿，这种状况无论如何不能再继续下去。

2003 年 12 月，国家安全生产监督管理局、国家煤矿安全监察局发布《国家安全生产科技发展规划(2004—2010)》，在分析我国安全生产科技工作中存在的主要问题时指出："安全生产理论研究和理论创新严重滞后于安全生产实践。没有形成能够指导安全生产工作的理论体系，对安全生产的自然科学和社会科学属性及其规律、方法等的研究严重不足。对安全第一、预防为主的方针和安全与生产、安全与效益、安全生产与经济发展等安全生产领域的重大问题及其辩证关系，缺乏具有明显说服力的理论依据，未能从理论上进行充分、科学、合理的阐述。"

《规划》明确指出："以安全生产基础理论研究为突破口，加强安全生产理论创新，逐步建立安全生产理论体系。理论研究是安全科技与安全生产发展的源泉，是新技术、新发明的先导。紧密结合安全生产工作对理论的迫切需要，以安全生产基础理论研究为突破口，加大安全生产理论研究的力度，对安全生产事业中重大现实问题进行理论研究，解决当前普遍存在的对安全生产工作认识不清、重视不够、投入不足的问题，为国家安全生产宏观管理、企业安全生产微观管理和安全工程技术实现提供指导。

正如《规划》所说，当前普遍存在“对安全生产工作认识不清、重视不够、投入不足的问题”，无论企业、政府部门还是社会范围，都是如此。而之所以出现这种状况，正是由于我国安全生产理论研究不足，以及对安全生产理论学习、宣贯和应用不足，所以在实际工作中出现许多偏差。

安全生产理论方面研究不足，会给安全生产工作造成怎样的危害呢?

很明显，如果安全生产理论不能清晰、透彻地说明安全生产工作的巨大作用和重要意义，有关各方就会对安全生产工作认识不清、重视不够；而对安全生产工作认识不清、重视不够，必然对其投入不足。如果安全生产理论不能清晰、透彻地阐述抓好安全生产的思路、方法和措施，无论是企业还是政府部门，在进行安全管理、安全教育等工作时，其针对性、可操作性就不强。所以，安全生产理论科学与否、先进与否、完备与否，关系到有关各方对安全生产工作的重视和投入，关系到对安全生产工作所采取的思路的正误和措施的优劣；最终，也就在一定程度上决定着安全生产工作的成败。

1989 年 9 月 29 日，江泽民同志在庆祝中华人民共和国成立 40 周年大会上的讲话中指出：**“党在理论上的提高，是党的领导正确性、科学性的根本保证。”**对安全生产工作的领导也是如此。只有在安全生产理论上不断创新、发展和提高，对安全生产工作的领导和指挥才会更加正确、更加科学、更加有效。

加大安全生产理论的投入，加强安全生产工作理论研究和创新，当前最重要的就是抓好三方面的研究探索，一是安全生产工作在经济社会发展中的功能和作用、意义和地位；二是抓好安全生产工作的思路、方法和措施；三是创新安全理念，引领安全生产工作发展方向。

脱离实践的理论是空洞的理论，没有理论指导的实践是盲目的实践。当前我国安全生产工作存在的一个十分明显的问题，就是有关各方对安全生产理论研究、创新不够，同时对现有理论学习、应用不够。这种状况，就导致了实际安全生产工作科学性不强，存在着一定程度的盲目性。

要解决这一问题，一是要进一步加大安全生产理论的研究创新力度，使安全生产理论能够有效指导安全生产实践，同时还要紧密跟踪国际安全生产理论前沿；二是要进一步加大安全生产理论的学习、普及和应用力度，使广大安全生产工作者以及政府部门安全管理人员提高安全生产理论修养，而不仅仅是依靠经验开展工作。

德国著名哲学家黑格尔有一句名言：**“无知者是不自由的，因为和他对立的是一个陌生的世界。”**在安全生产工作上也是如此。只有加强安全生产理论投入，用科学、先进的安全生产理论指导安全生产实践，我们在安全生产和管理上才能获得更多的自由，才能牢牢掌握安全生产工作的主动权。

## 第七节　安全氛围投入

如今我们生活的时代是一个信息时代，各种新闻信息，通过报纸、广播、电视、互联网等媒体，无时无刻不在向社会公众进行传播，同时也无时无刻不在影响着广大社会公众的思想和行为。正是因为新闻传播、信息传递有着十分巨大的作用和影响，因此受到了各方面的高度关注和重视。

2011年11月，国家安全生产监督管理总局印发《安全文化建设“十二五”规划》，明确指出：“强化正确的舆论引导，营造有利于安全生产工作的舆论氛围。广泛宣传安全生产工作的创新成果和突出成就、先进事迹和模范人物，发挥安全文化的激励作用，弘扬积极向上的进取精神。健全完善与媒体的沟通机制，做到善用媒体、善待媒体、善管媒体，坚持正面宣传，充分发挥其对安全宣传工作的主导作用。加快形成全社会广泛参与的安全生产舆论监督网络，鼓励群众和新闻媒体对安全生产领域的非法违法现象、重大安全隐患和危险源及事故进行监督、举报，提高举报、受理、处置效率，落实和完善举报奖励制度。”

心理学家研究证明，人具有从众的心理，在某个特定的环境当中，单个的人一般而言都会自觉不自觉地同这个环境已经形成的看法、惯例、作风等保持一致，这也就是我们通常所说的“环境影响人”。要使这个环境中的人都能重视安全生产，就需要加大安全氛围投入，形成正确的安全生产舆论导向。在营造社会氛围、树立正确导向上，新闻媒体具有重大而独特的作用。

我国著名新闻记者徐宝璜将报纸称为“近代文明中势力最雄伟之物”。

孙中山在总结辛亥革命经验时多次指出“革命成功全赖宣传主义”，认为宣传的功效比军事的功效大。在1923年国民党改组以后，他根据辛亥革命的经验，强调：“革命成功极快的方法，宣传要用九成，武力只可用一成。”

2008年6月20日，胡锦涛同志在人民日报社考察工作时指出：**“当今社会，随着经济社会快建发展和科技不断进步，信息传递和获取越来越快捷，新闻舆论的作用越来越突出。做好新闻宣传工作，关系党和国家工作全局，关系改革和经济社会发展大局，关系国家长治久安。我们要充分认识新闻宣传工作的重大意义，更好地发挥新闻宣传工作在推动经济发展、引导人民思想、培育社会风尚、促进社会和谐等方面的重要作用。”**（《在人民日报社考察工作的讲话》，《人民日报》2008年6月21日）

新闻宣传在推动经济发展、引导人民思想、培育社会风尚、促进社会和谐等方面具有十分重要的作用，在营造浓厚安全氛围、树立正确安全导向上同样具有积极作用。

第一，在报纸、广播、电视、网络媒体上加大有关安全生产方面的新闻报道，能够显示出政府部门乃至全社会对安全生产工作的关心、重视和支持，显示出对于人的生命的尊重，并影响广大社会公众，为抓好安全生产奠定共同的思想基础。

在当今以人为本的理念日益深入人心的情况下，广大社会公众和各类媒体对事故造成的人员伤亡格外重视，成为各方关注的焦点。广大社会公众通过各种媒体了解事故发生状况、抢救工作进展等情况，在这当中，媒体的纽带作用是十分突出的。

某个企业发生生产安全事故，或某个地方发生交通事故，各种新闻媒体会重点关注并迅速报道，包括事故经过、人员伤亡及财产损失、抢险救援进展、善后处理状况，以及事故责任人查处结果，等等，以满足社会各方对事故的了解的需求，形成一种宣传强势。2015 年 6 月 1 日晚“东方之星”客轮翻沉事故发生后，各个媒体对这一事故的报道就体现出了这一点。

2015 年 6 月 1 日晚，重庆东方轮船公司所属旅游客船“东方之星”客轮在由南京驶往重庆途中，突遇龙卷风发生翻沉，船上共有 458 人。事故发生后，新闻媒体高度关注，进行了及时报道。

6 月 3 日的《人民日报》一版以半个多版的篇幅刊登了 3 篇新闻报道和评论，包括《习近平对东方之星旅游客船翻沉事件作出重要指示　要求全力做好人员搜救工作》、《李克强急赴客船翻沉事件现场指挥救援工作时强调　调集一切可以动员的力量　采取一切可以采取的措施　争分夺秒做好人员搜救》、《安全防线一刻不能松懈》。

当天的《重庆日报》一版以将近一个版面的篇幅进行报道，除了刊登《习近平对东方之星旅游客船翻沉事件作出重要指示　要求全力做好人员搜救工作》、《李克强急赴客船翻沉事件现场指挥救援工作时强调　调集一切可以动员的力量　采取一切可以采取的措施　争分夺秒做好人员搜救》两篇报道外，又刊登了《我市全力以赴协同做好客船翻沉事件救援工作》。当天的《湖北日报》一版则用整个版面对事故及救援进行了报道。

与此同时，人民网、新华网、网易、新浪、搜狐等网络媒体均在显著位置登载这次事故的相关报道。

6月3日人民网头条新闻是《习近平对东方之星旅游客船翻沉事件作出重要指示　要求全力做好人员搜救工作》;当天的新华网头条新闻是《决不放弃任何一丝生的希望》。

6月4日人民网头条是《"东方之星"号客轮翻沉　搜救争分夺秒　多地派出工作组参与救援》;新华网头条是《长江救援　一场生命至上的国家行动》。

6月5日人民网头条是《习近平主持政治局常委会议　听取"东方之星"号客轮翻沉事件情况汇报并作出部署》;新华网头条是《长江客船翻沉事件救援行动纪实》。

除了人民网、新华网以外,网易、新浪、搜狐等网络媒体也在显著位置对事故救援工作进行全方位报道。

通过报纸、广播、电视、网络媒体的集中报道,显示出国家、社会对这次事故及救援行动的关注,对客轮上所有乘客生命的尊重,对在事故中不幸去世者的痛惜,营造了"关注安全、关爱生命"的氛围。

第二,新闻媒体加大有关安全生产事故新闻的报道,能够起到"一厂出事故、万厂受教育,一地有隐患、全国受警示"的作用。

某个地方或某个企业发生安全事故后,各类新闻媒体对这一事故及时进行广泛报道,引起全国各地相关方面的注意和警醒,就能起到"一厂出事故、万厂受教育,一地有隐患、全国受警示"的作用,使各个地区、各个行业、各个企业吸取事故带来的教训,强化安全责任,改进安全监管,落实防范措施,把工作抓实抓好,促进安全生产形势稳定好转。

第三,新闻媒体加大有关安全生产方面的新闻报道,可以将安全生产先进单位的好做法、好经验向其他各地区、各部门、各企业广泛传播,给他们以参考和借鉴、鼓舞和激励。

在当今社会化大生产条件下,一旦发生事故,造成的损失越来越大。根据国际劳工组织的统计,全世界每年有200万人因工伤或因工染病而死亡;世界卫生组织披露,道路交通事故每年造成130万人死亡,5000万人伤残。由此可见,抓好安全工作难度很大,这也导致很多单位和人员在面对安全生产时有畏难感。

但实际上,我国各个地区、各条战线安全生产工作抓得好的例子是非常多的,有的还创出国际先进水平。加强这方面的报道,为其他地方和企业提供可资借鉴的经验,帮助那些安全生产工作抓得不好的地方和企业树立信心,将会起到积极作用。

河南省中平能化集团七星公司白国周在担任班长20多年工作实践中,探索和总结出的班组管理方法即"白国周班组管理法",被中央领导同志批示在全国推广,他本人也被誉为知识型、安全型、技能型、创新型的新时期产业工人优秀代表。2009年9月30日,《河南日报》刊登《白国周:创安全神话的金牌班长》的通讯;2009年11月23日,《河南日报》在一版头条刊登《班组管理的一面旗帜——白国周和他的"班组管理法"》的通讯,对白国周的先进事迹作了详细报道。

第四,在媒体上及时公布一定时期以来安全生产相关控制指标的实际进度,鼓励先进,鞭策后进,同时也能使广大社会公众及时了解本地区本单位安全生产工作的最真实的状况。

2004年1月9日,国务院印发《关于进一步加强安全生产工作的决定》,要求建立安全生产控制指标体系。《决定》指出:"要制订全国安全生产中长期发展规划,明确年度安全生产控制指标,建立全国和分省(区、市)的控制指标体系,对安全生产情况实行定量控制和考核。从2004年起,国家向各省(区、市)人民政府下达年度安全生产各项控制指标,并进行跟踪检查和监督考核。对各省(区、市)安全生产控制指标完成情况,国家安全生产监督管理部门将通过新闻发布会、政府公告、简报等形式,每季度公布一次。"

通过对安全生产工作进度进行量化评价,有助于强化政府和企业的责任,调动各级干部抓好安全生产工作的积极性,这也是先进工业化国家比较成熟的做法。美国、英国、澳大利亚等国都在职业安全五年计划或十年计划中规定了具体的控制指标，对本国的安全生产起到了促进作用。

此后，《人民日报》、《工人日报》、《中国安全生产报》以及各省(区、市)的报纸陆续刊登安全生产相关控制指标的实际进度，能使广大社会公众及时了解本地区安全生产工作的真实状况。

2013年5月10日，《陕西日报》刊登《全省1—3月份安全生产情况区县零死亡统计表》，对在当年一季度工矿商贸领域未发生生产安全死亡事故的县区、生产经营性道路交通行业事故零死亡的县、道路交通行业事故零死亡的县进行通报，起到了鼓励先进的作用。

第五，报纸刊登关于安全生产方面的评论文章，可以及时有效地针砭时弊、引导舆论，对安全生产工作提出鲜明的观点和要求，动员社会各方力量共同推进安全工作。

2015年6月1日，重庆东方轮船公司“东方之星”客轮在长江发生翻沉。6月3日，《人民日报》刊登《安全防线一刻不能松懈》的评论文章。

## 安全防线一刻不能松懈

本报评论员

6月1日晚，重庆东方轮船公司一艘载有458人的客轮在长江发生翻沉。事件发生后，党中央、国务院高度重视。习近平总书记第一时间作出重要批示，就现场搜救及善后工作、加强公共安全等进行部署。李克强代表习近平总书记迅速抵达事故现场，指挥救援和应急处置工作。交通部门、解放军、武警部队、湖北省、重庆市、湖南省等各方面紧急行动起来，组织3000多人全力搜救遇险人员。截至2日19时，已找到20人，其中14人生还，救援和相关处置工作正在紧张进行。

这次事件，再一次敲响了公共安全的警钟。正如习近平总书记在批示中强调的，要深刻吸取教训，强化维护公共安全的措施，确保人民生命安全。客船翻沉，只在片刻之间，公共安全人命关天，任何时候都不能麻痹大意，任何环节都不能掉以轻心。只有时刻绷紧忧患意识、责任意识的弦，始终保持高度警觉，采取扎实有效的措施，才能构筑起坚实的安全防线。

一地遇险情，全国受警示。当前，我国已进入主汛期，厄尔尼诺现象持续发展，防汛抗旱形势不容乐观，一些地方频频出现洪涝、风雹、滑坡、泥石流等灾害。面对公共安全的风险与挑战，各地各部门更要突出问题导向，彰显责任担当，一刻也不放松各项安全工作。下好先手棋，打好主动仗，必须强化底线思维，从最不利情况出发，着力补齐短板、堵塞漏洞、消除隐患，着力抓重点、抓关键、抓薄弱环节，立足于防大汛、抗大旱、防强风、抢大险、救大灾，不断提高公共安全水平和应急处置能力。

搜救工作仍在争分夺秒进行中。客船翻沉事件令人揪心，更让遇难者家属陷入深深悲痛之中。惨痛的灾难再次提醒我们，公共安全连着千家万户，是人民安居乐业的重要保障，事关改革发展稳定大局，各级党委和政府的肩上，担着“促一方发展、保一方平安”的政治责任。我们要牢固树立安全发展理念，自觉把维护公共安全放在维护最广大人民根本利益的高度来认识，从严从实抓好每一个环节，努力编织全方位、立体化的公共安全网，为人民的幸福生活筑牢安全根基。

**原载 2015 年 6 月 3 日《人民日报》**

对安全氛围的营造不仅需要新闻报道，还可以通过公约等多种形式加以营造。黑龙江省制定了《企业安全公约》，内容如下：

安全生产要牢记，人人有责绷得紧。

依法培训要到位，持证上岗须执行。

勤检勤查要留意，消除隐患应及时。

兑规作业要认真，杜绝违章不违纪。

2001年4月23日，国家安全生产监督管理局副局长闪淳昌在全国安全生产宣传工作座谈会上指出："注重超前性的教育，强化人们安全第一的思想意识，提高人们的安全素质。安全生产必须坚持预防为主，而预防就必须通过卓有成效的安全宣传教育，筑起安全生产的思想防线……真正把安全生产宣传教育作为全党全社会的一项重要工作，动员各方面的力量去做，努力营造全社会关注安全、关爱生命的舆论氛围。"

2004年4月15日，全国安全生产宣传教育工作视频会议在北京召开，会议指出，安全生产宣传教育工作对安全生产有着思想引领、舆论推动、精神激励、知识传播和文化支撑作用，是推动安全生产方针政策和法律法规标准落实、传播安全生产知识、提高全民安全素质、预防事故发生的有力手段。

社会氛围、社会舆论是由许多单位、人员的意见汇集而成的，它一旦形成就会对其范围内的团体和人员产生一种约束和感染作用，对个人的思想和行为产生一定的影响，严重的还会直接影响社会稳定。因此，安全氛围的营造、安全舆论的引导就成为关乎安全生产工作成败的一个重要因素。

美国南北战争时期的总统林肯说过："你有舆论的支持，无往而不胜；没有的话，无事不败。"他十分重视舆论的威力，积极争取社会舆论的支持，最后赢得了南北战争的胜利。

1994年1月，江泽民同志在全国宣传思想工作会议上指出：**"我国的报纸、刊物的数量很多，广播电视网遍布全国，每天同广大群众见面，随时随地影响着群众的思想和行动。舆论导向正确，人心凝聚，精神振奋；舆论导向错误，后果严重。"**（《十四大以来重要文献选编（上）》，第653页）

正是因为社会氛围和舆论的作用如此巨大，因此，在推进安全生产工作时必须重视和加大对安全氛围的投入，努力形成人人关心安全生产、人人支持安全生产的良好环境，从而为安全生产工作的顺利开展奠定共同的思想基础。

## 第八节　安全重视投入

抓好安全生产工作，离不开上级部门和领导的重视和支持，因此，领导重视的投入也是安全投入的一个重要内容。

对于安全生产工作，党和国家历来高度重视。

1956年5月，国务院颁布《工厂安全卫生规程》、《建筑安装工程安全技术规程》和《工人职业伤亡事故报告规程》，并在颁布这些规程的决议中指出："改善劳动条件，保护劳动者在生产中的安全和健康，是我们国家的一项重要政策，也是社会主义企业管理的基本原则之一。"

1963年，国务院在颁布《关于加强企业生产中安全工作的几项规定》指出："做好安全管理工作，确保安全生产，不仅是企业开展正常生产活动中所必须，而且也是一项重要的政治任务。"

1978年，中共中央印发《关于认真做好劳动保护工作的通知》指出："加强劳动保护工作，搞好安全生产，保护职工的安全和健康，是我们党的一贯方针，是社会主义企业管理的一项基本原则。"

2004年1月9日，国务院印发《关于进一步加强安全生产工作的通知》，明确指出："安全生产关系人民群众的生命财产安全，关系改革发展和社会稳定大局；做好安全生产工作是全面建设小康社会、统筹经济社会全面发展的重要内容，是实施可持续发展战略的组成部分，是政府履行社会管理和市场监管职能的基本任务，是企业生存发展的基本要求。"

2005年10月，党的十六届五中全会通过的《中共中央关于制定国民经济和社会发展第十一个五年规划的建议》指出："坚持节约发展、清洁发展、安全发展，实现可持续发展。把安全发展作为一个重要理念纳入我国社会主义现代化建设的总体战略，这是全党对科学发展观认识的进一步深化，同时也是对安全工作的重视和加强。”

2006年1月，温家宝同志在全国安全生产工作会议上指出：“搞好安全生产工作是各级政府的重要职责；我们必须树立正确的政绩观，抓经济发展是政绩，抓安全生产也是政绩；不搞好安全生产，就没有全面履行职责。各地、各部门和企业一定要以对人民群众高度负责的精神，努力做好安全生产工作。”

2006年3月，胡锦涛同志在中共中央政治局第30次集体学习时指出：“高度重视和切实抓好安全生产工作，是坚持立党为公、执政为民的必然要求，是贯彻落实科学发展观的必然要求，是实现好、维护好、发展好最广大人民的根本利益的必然要求，也是构建社会主义和谐社会的必然要求。各级党委和政府要牢固树立以人为本的观念，关注安全，关爱生命，进一步认识做好安全生产工作的极端重要性，坚持不懈地把安全生产工作抓细抓实抓好。”

胡锦涛同志特别强调，人的生命是宝贵的，我国是社会主义国家，我们的发展不能以牺牲精神文明为代价，不能以牺牲生态环境为代价，更不能以牺牲人的生命为代价。重特大安全事故给人民群众生命财产造成了重大损失，我们一定要痛定思痛，深刻吸取血的教训，切实加大安全生产工作的力度，坚决遏制住重特大事故频发的势头。

在发生重特大生产安全事故后，中央领导同志会及时作出批示，对抢险救灾、善后处置等事项提出要求，从中也可看出对安全生产工作的重视。

2014年8月2日7时37分，江苏省苏州市中荣金属制品有限公司发生爆炸，事故发生后，习近平同志在得知后立即作出指示，要求江苏省和有关方面全力做好伤员救治，做好遇难者亲属的安抚工作；查明事故原因，追究责任者的责任，汲取血的教训，强化安全生产责任制。正值盛夏，要切实消除各种易燃易爆隐患，切实保障人民群众生命财产安全。

2015年8月12日，天津港瑞海公司危险品仓库发生火灾爆炸事故，造成重大人员伤亡和财产损失。事故发生后，习近平同志在得知后立即作出指示，要求天津市组织强有力的力量，全力救治伤员，搜救失踪人员；尽快控制消除火情，查明事故原因，严肃查处事故责任人；做好遇难人员亲属和伤者安抚工作，维护好社会治安，稳定社会情绪；注意科学施救，切实保护救援人员安全。

中央领导同志对安全生产工作是高度重视的，与此同时，抓好安全生产还少不了从中央部委到地方各级党政机关工作人员以及工厂企业各级领导及职工的重视。只有这样，才能将安全生产工作摆到重要位置，给予大力支持，真正成为各地区、各部门、各单位的首要任务。

抓好安全生产工作，实际上是一个投入和产出的转化过程——投入安全生产的各项要素，以得到安全生产这一结果；而最终能否实现安全生产，既取决于安全要素投入是否齐全，也取决于各项要素投入是否匹配。

链条原理告诉我们，一根链条的强度不是取决于最强的一环，而是取决于最弱的一环，安全生产也是如此。无论安全资金、安全法律、安全科技、安全氛围的投入有多大，如果人员的安全素养不够，发生安全事故就成为必然的事；无论人员的安全技能有多高，如果其安全思想不到位，出事也难以避免。所以，在进行安全投入时，既要保证各项安全要素不能缺失，又要注意强化各项要素当中最弱的一环，补齐“短板”，堵塞漏洞，使各项投入互相促进、互相配合，以取得最佳安全成效。

# 第六章　四种效益——安全生产效益论

从市场经济的角度看，有投入就要有产出，而且产出大于投入、回报多于付出才是正常的，才能使投入持续进行下去；但安全生产方面的投入，却没有生产出一种看得见、摸得着、实实在在的产品，也没有直观的经济效益。这样看来，安全生产的投入就是一种只有投入、没有产品，只有花钱、没有盈利的“亏本”行为了。

是这样吗？

当然不是。如果安全生产方面的投入只是一种纯粹的花钱、耗费，而没有收益和回报，那就不会有任何一家企业会对安全进行投入。实际上，安全生产方面的投入不仅有回报，而且回报巨大；不仅有经济方面的效益，还有政治、民生、资源环境等方面的效益，可以说是“一本万利”的投资，是稳赚不赔的投资，是企业发展壮大必不可少的投资。

安全生产投入所产生的效益同生产某种产品所取得的效益明显不同，这种效益具有间接性、滞后性、潜在性、依附性，难以被觉察，也难以准确衡量，所以很容易被忽视。但是安全生产投入所产生的经济效益、政治效益、民生效益、资源环境效益都是客观存在的，只要切实抓好安全生产工作，就一定会获得这几个方面的成果和效益。

安全生产效益还有一个特别之处，就是它同经济效益是一体的。就如同生产和安全一体化一样，经济效益和安全效益也是一体的。只有实现安全生产，才会有经济上的效益，而同时也就收获了安全生产的其他诸多效益；如果发生事故，既没有经济效益，安全生产其他三种效益也不存在。因此，安全生产的四种效益——经济效益、政治效益、民生效益、资源环境效益是一种同生共存的关系，一存俱存，一损俱损，这就更加凸显安全效益的宝贵。

## 第一节 安全生产经济效益

在生产上加大投入，生产出产品，创造出财富和利润，这是很容易计算出来的，但在安全上进行投入，所创造的经济效益则难以计算。对此，我们不妨换个角度，从事故所造成的经济损失来衡量实现安全能够带来的经济效益。

国家标准局于1986年8月22日发布、于1987年5月1日起实施的《企业职工伤亡事故经济损失统计标准》(GB 6721—86)作了明确规定。该《标准》全文如下：

### 企业职工伤亡事故经济损失统计标准

本标准规定了企业职工伤亡事故经济损失的统计范围、计算方法和评价指标。

1 基本定义

1.1 伤亡事故经济损失指企业职工在劳动生产过程中发生伤亡事故所引起的一切经济损失，包括直接经济损失和间接经济损失。

1.2 直接经济损失指因事故造成人身伤亡及善后处理支出的费用和毁坏财产的价值

1.3 间接经济损失指因事故导致产值减少、资源破坏和受事故影响而造成其他损失的价值

2 直接经济损失的统计范围

2.1 人身伤亡后所支出的费用

2.1.1 医疗费用(含护理费用)

2.1.2 丧葬及抚恤费用

2.1.3　补助及救济费用

2.1.4　歇工工资

2.2　善后处理费用

2.2.1　处理事故的事务性费用

2.2.2　现场抢救费用

2.2.3　清理现场费用

2.2.4　事故罚款和赔偿费用

2.3　财产损失价值

2.3.1　固定资产损失价值

2.3.2　流动资产损失价值

3　间接经济损失的统计范围

3.1　停产、减产损失价值

3.2　工作损失价值

3.3　资源损失价值

3.4　处理环境污染的费用

3.5　补充新职工的培训费用

3.6　其他损失费用

4　计算方法

4.1　经济损失计算公式 $E=E_d+E_i$

式中：$E$——经济损失，万元；$E_d$——直接经济损失，万元；$E_i$——间接经济损失，万元。

4.2　工作损失价值计算公式 $V_w=D_l\cdot M/(S\cdot D)$

式中：$V_w$——工作损失价值，万元；$D_l$——一起事故的总损失工作日数，死亡一名职工按6000个工作日计算，受伤职工视伤害情况按GB 6441—86《企业职工伤亡事故分类标准》的附表确定，日；$M$——企业上年税利（税金加利润），万元；$S$——企业上年平均职工人数；$D$——企业上年法定工作日数，日。

4.3　固定资产损失价值按下列情况计算：

4.3.1　报废的固定资产，以固定资产净值减去残值计算；

4.3.2　损坏的固定资产，以修复费用计算。

4.4　流动资产损失价值按下列情况计算：

4.4.1　原材料、燃料、辅助材料等均按账面值减去残值计算；

4.4.2　成品、半成品、在制品等均以企业实际成本减去残值计算。

4.5　事故已处理结案而未能结算的医疗费、歇工工资等，采用测算方法计算（见附录）。

4.6　对分期支付的抚恤、补助等费用，按审定支出的费用，从开始支付日期累计到停发日期（见附录）。

4.7　停产、减产损失，按事故发生之日起到恢复正常生产水平时止，计算其损失的价值。

5　经济损失的评价指标和程度分级

5.1　经济损失评价指标

5.1.1　千人经济损失率计算公式：$R_s=(E/S)\times1000‰$

式中：$R_s$——千人经济损失率；$E$——全年内经济损失，万元；$S$——企业职工平均人数，人。

5.1.2　百万元产值经济损失率计算公式：$R_v=(E/V)\times100\%$

式中：$R_v$——百万元产值经济损失率；$E$——全年内经济损失，万元；$V$——企业总产值，万元。

5.2　经济损失程度分级

5.2.1　一般损失事故　经济损失小于1万元的事故。

5.2.2　较大损失事故　经济损失大于1万元（含1万元）但小于10万元的事故。

5.2.3　重大损失事故　经济损失大于10万元（含10万元）但小于100万元的事故。

5.2.4　特大损失事故　经济损失大于100万元（含100万元）的事故。

按照《企业职工伤亡事故经济损失统计标准》,事故经济损失分为直接经济损失和间接经济损失。直接经济损失是指因事故造成人身伤亡及善后处理支出的费用和毁坏财产的价值;间接经济损失是指因事故导致产值减少、资源破坏和受事故影响而造成其他损失的价值。因此,在计算生产事故造成的损失时,必须综合、全面地计算,既包括直接经济损失,又包括间接经济损失;既包括物质资料的损失,又包括生产能力的破坏;既包括设施设备的损毁,又包括资源环境的破坏浪费。可见事故损失涉及面之广,危害之大。

千百年来,人们创造和积累财富是十分不易甚至是充满艰辛的,因此无论是劳动产品还是生产出这些产品的必备因素——劳动者、劳动资料和劳动对象,都应当倍加珍惜、倍加爱护;只有这样,我们的财富才会越来越多,生活才会越来越好。而一场事故,或许起因仅仅是少数人甚至是一个人的违规之举甚至无心之失,就可能引发一场重大事故灾难,给社会造成巨大损失和严重后果,这在世界各国的许多重大事故中可以清晰看到。

——1657 年 3 月 2 日,日本江户(今东京)本庙寺为一名因病死亡的少女做法事,在进行火化时刮起了大风,将死者一只燃烧的衣袖刮走并引发大火。大火烧了两天,烧毁 300 多座寺庙和无数宅邸,使江户 2/3 的建筑被毁,死亡人数达 10.7 万人。

——1666 年 9 月 2 日,欧洲最大的城市英国伦敦普丁巷的一个面包师忘了关上烤面包的炉子,温度越来越高,最后燃起大火。普丁巷位于泰晤士河北岸,周围的仓库和商店堆满了易燃材料,加之当时伦敦普遍搭建木屋,火势一发不可收拾。大火连续燃烧了 4 天,87 间教堂、44 家公司和 1.3 万幢房屋被焚毁,十万人无家可归。这场火灾难造成了 1000 万英磅的损失,而当时伦敦一年的财政收入仅为 1.2 万英磅。

——1871 年 10 月 8 日至 10 日,美国芝加哥发生大火。由于芝加哥大多数房屋都用木材建造,加之临近隆冬季节,许多地方堆积着过冬用的柴草，大火燃起后就无法控制。随着火势发展，芝加哥煤气站发生爆炸，随之引起弹药库和下水道泄出的甲烷气体一连串爆炸，仅仅 30 个小时就将芝加哥城的 2/3 夷为平地。这场大火导致 10 万人无家可归，300 人死亡，被烧毁的房屋按照保守的价格计算，不低于 10 亿美元。

——1986 年 4 月 26 日，乌克兰北部切尔诺贝利核电站发生放射性物质泄漏事故，这是全世界损失最为惨重的一次事故。核电站 4 号机组爆炸，大量放射性物质泄漏，影响了欧洲大部分地区，320 多万人受到核辐射伤害，31 人当场死亡，给乌克兰造成数百亿美元的直接损失。但事故危害远不止这些，据统计切尔诺贝利核泄漏有关的死亡人数，包括数年后死于癌症者，约有 12.5 万人；相关花费，包括清理、安置以及对受害者赔偿的总费用，约为 2000 亿美元。根据官方的正式消息，事故原因是由于核电站操作人员违反一系列操作规程，无视安全运行条件造成的。

——1988 年 7 月 6 日，英国北海阿尔法钻井平台发生爆炸，这是世界海洋石油工业史上最大的事故，而事故起因却源于一个接一个的小小疏忽。一个已经拆下了安全阀的泵被当作备用泵启动，导致大量凝析油冲破盲板法兰外溢，遇到火花发生爆炸。这本是一个小型爆炸，平台上的防火墙原本可以隔离大火，然而，能够承受住高温的防火墙都未能经受爆炸的冲击力，碎片撞断了一条天然气管道，引发了第二次爆炸。大火延绵不断，无法控制，最终使钻井平台坍塌，倒入大海。这次事故损失十分惨重，167 人死亡，经济损失 30 亿美元。

——2008 年 9 月 12 日，美国加利福尼亚州洛杉矶西北约 50 公里处，两列火车相撞，造成 25 人死亡，100 多人受伤，对伤亡人员的赔偿达 5 亿多美元。

不仅仅是外国，我国也有许多事故造成重大人员伤亡和经济损失。

——1993年8月5日，广东省深圳市安贸危险物品储运公司清水河化学危险品仓库发生特大爆炸事故，15人死亡，200多人受伤，直接经济损失2.5亿元。

——1993年8月27日晚，青海省海南藏族自治州共和县沟后水库发生垮坝事故，死亡288人，失踪40人，直接经济损失1.53亿元。

——2008年9月8日，山西省临汾市新塔矿业有限公司尾矿库发生特别重大溃坝事故，造成277人死亡，4人失踪，33人受伤，直接经济损失9600多万元。

——2013年6月3日，吉林省德惠市宝源丰禽业有限公司发生特别重大火灾爆炸事故，造成121人死亡，76人受伤，1.7万平方米主厂房被损毁，直接经济损失1.82亿元。

——2013年11月22日，位于山东省青岛市经济技术开发区的中石化东黄输油管道泄漏爆炸，造成62人死亡，136人受伤，直接经济损失7.5亿元。

据联合国统计，世界各国平均每年的事故费用约占国民生产总值的6%。国际劳工组织编写的《职业卫生与安全百科全书》指出，事故的总损失就是防护费用和善后费用的总和；在许多工业国家，善后费用估计为国民生产总值的1%至3%；事故预防费用较难估计，但至少等于善后费用的两倍。

2012年9月18日至20日，第六届中国国际安全生产论坛在北京举行，欧盟委员会就业、社会事务与机会均等总司社会对话司司长阿明多·席尔瓦说："由于生产安全事故所造成的损失，约占欧盟GDP的2.6%至3.8%。"

可见，一旦发生事故，将会对人员安全健康和社会财富造成巨大伤害和损失，对经济社会发展和人类文明进步造成阻碍，无数案例都一再证明了这一点。

随着经济社会的持续发展和科学技术的日益进步，不仅社会财富日益增多，而且工厂企业的规模也在迅速增大，机器设备的科技含量不断增加，其价格持续上升；一旦发生事故，其损失也较以往大得多；相应的，如果实现了安全生产，其收益同样比以前大得多，这也是安全生产工作的作用和影响日益增大的原因。

## 第二节 安全生产政治效益

发展是当今时代的主题。发展中国家为了实现赶超，不断推进其现代化的进程；发达国家为了保持其经济、军事和科技优势，也在继续推进其发展。但是，发展是要付出代价的，生产安全事故就是一种难以完全避免的代价。

安全生产状况是当前生产力发展水平的反映，也是一个国家的社会管理水平的反映。事故不断，就说明生产力水平不高，说明社会管理水平不高，西方工业发达国家在其工业化进程中都经历了这样一个痛苦时期。

第二次世界大战前，美、英、法、德等工业化国家经济发展很快，在矿山、建筑、交通等领域雇佣了大量来自亚洲、非洲国家的劳工和一部分本国底层劳动者。这些工人的作业环境恶劣，工作劳累，生活艰辛，工伤死亡率很高，职业病发生十分严重。在社会经济发展到一定水平和劳资双方矛盾十分尖锐的情况下，这些国家逐步调整了经济发展和职业安全卫生等社会发展政策之间的关系，加大了劳动保护方面的投入，加强了对职业危害的控制，使安全生产事故及伤亡人数得到控制，劳动者安全健康得到维护。在工业化发展过程中，广大劳动人民为西方发达国家的经济发展付出了非常沉重的代价，包括千百万劳动者的生命与健康，在社会肌体上留下的伤痕至今还没有完全平复。

我国是一个人口大国，2014 年全国人口 13.67 亿人，全国就业人员 77253 万人；我国还是一个经济建设大国，2014 年国内生产总值63.6万亿元,连续5年保持为世界第二大经济体。抓好安全生产工作,关系广大劳动者的生命安全和身体健康,关系社会财富的积累,关系社会的稳定,它不仅是一个经济问题,更是一个政治问题。

劳动者的安全健康得到有效保护,是社会公平的体现,是经济社会健康发展的前提,是保持社会安定团结的重要条件。安全生产关系广大劳动者的基本人权和根本利益,不可等闲视之。如果工伤事故和职业病对人民群众生命与健康威胁长期得不到解决,会引发广大劳动者及其亲属的不满,严重时可能使人民群众对社会主义制度的优越性、对党的全心全意为人民服务的宗旨产生怀疑。当人民群众的基本工作条件与生活条件得不到改善,甚至出现尖锐矛盾,将会直接影响社会稳定和改革发展大局。

我国安全生产状况引起了国际社会的关注,在每年的国际劳工组织大会上经常有批评中国职业安全卫生状况的发言,工伤事故和职业病问题也是世界人权大会和其他一些国际组织批评中国忽视人权的借口。1994年美国《新闻周刊》刊登《亚洲的死亡工厂》的文章,对中国南方"三合一"工厂发生重大伤亡事故加以指责。国际皮革、服装和纺织工人联合会秘书长尼·克内曾致函李鹏总理,指责中国政府"没有使用有力的法律手段",要求"政府制定相应的监察机制,并停止将工厂宿舍设在工厂厂房内的做法"。进入21世纪,世界国际煤炭组织曾号召各进口煤炭的国家联合起来,抵制进口"中国带血的煤"。一位国际劳工组织的官员说:"中国已经成为世界政治、经济大国,但不应成为工业事故的大国。"这些都说明,安全生产水平低下,工伤事故不断,对我国的国际形象产生了很大的负面影响;相应地,只有不断加强安全生产工作,提高我国安全生产管理水平,大幅减少工伤事故及伤亡人员,才能更好地树立中国的国际形象。

安全生产不仅是经济问题,同时也是政治问题,这是各级领导同志一再强调的。

1985年1月3日,国务委员、国家经济委员会主任张劲夫在全国安全生产委员会第一次会议上指出："安全生产的情况好不好，不仅是一个经济问题，也是一个政治问题。"

1996 年 12 月 26 日，吴邦国在全国安全生产工作电视电话会议上指出："重大、特大事故的连续发生，给国家财产和人民生命安全造成巨大损失，也带来了不良的政治影响和不安定因素。遏制重大、特大事故的发生，是各级政府和部门安全生产工作的当务之急。"

1997 年 5 月 11 日，吴邦国在全国安全生产工作紧急电视电话会议上指出："这些事故的发生，既影响了生产的正常进行，造成了巨大的经济损失，又危及人民生命财产安全，影响社会稳定，还损害了国家的声誉，影响对外开放，后果十分严重。"

2000 年 12 月 20 日，国家煤矿安全监察局局长张宝明在全国煤矿安全监察工作会议上指出："对照先进产煤国家，我国煤矿安全状况差距很大。80 年代以来，世界各主要产煤国家的安全状况都有了很大改善。以 1998 年为例，美国产煤 10 亿吨，一年死亡 36 人，百万吨死亡率为 0.03，煤矿已基本消灭重大事故。波兰产煤 2 亿吨，死亡 45 人，百万吨死亡率 0.23 以下……而我国，即使设备和条件都有一定基础的国有重点煤矿，目前百万吨死亡率高达 1 以上。煤矿安全状况不好，不适应我国改革和发展的形势，直接影响着我国的国际政治形象，有损于社会主义制度的优越性，无论如何不能再继续下去了。"

抓好安全生产，还直接关系到广大劳动者的人权。

1948 年 12 月 10 日，联合国大会通过《世界人权宣言》，其中第三条规定：人人有权享有生命、自由和人身安全。

保障人的生命和人身安全，保障人的生存权，这是人的最基本、最根本、最重要的权利，如果一个人的生命都不存在，又何谈其他权利。

2009 年 4 月，中国政府发布《国家人权行动计划（2009—2010 年）》申明："中国政府坚持以人为本，落实'国家尊重和保障人权'的宪法原则，既尊重人权普遍性原则，又从基本国情出发，切实把保障人民的生存权、发展权放在保障人权的首要位置，在推动经济社会又好又快发展的基础上，依法保证全体社会成员平等参与、平等发展的权利。”

抓好安全生产工作，不仅关系着劳动资料、劳动对象、劳动产品的完好，关系着社会财富的增加，更关系着千千万万劳动者——各种劳动产品和社会财富的创造者的生命权、健康权，关系着社会安定有序及和谐稳定。所以，抓好安全生产工作，有着十分重大的政治意义——在国内，它关乎社会政治稳定；在国际上，它关乎社会主义中国的国际形象，必须高度重视，真正抓好。

## 第三节　安全生产民生效益

安全生产是社会文明进步的重要标志，是广大人民群众幸福安康的重要保障，是最大、最重要、最广泛、最紧迫的民生。

随着经济的持续发展和生活水平的不断提高，人类生存的理念已经发生了深刻变化，对安全生产的关注上升到前所未有的高度，追求人—社会—经济协调发展成为首要目标，安全在人类追求的各个目标中的分量日益加重，其在我国社会主义现代化建设事业中的位置也在不断加重。

1995 年 7 月 24 日，中共中央政治局委员、国务院副总理吴邦国在全国安全生产工作电话会议上指出：“随着改革的深入、建设的发展，人民生活水平的提高，人们对安全防灾工作提出越来越高的要求。”

1999 年 8 月 21 日，中共中央政治局委员罗干在全国城市公共消防设施建设工作会议上指出：“实践证明，无论是社会的安全、文明，还是资源的节约、保护，都同消防工作直接相关。这些年来，一些地方经济发展很快，但城市公共消防设施和消防装备落后，发生重大火灾不能及时扑救，造成重大人员伤亡和财产损失，即使辛辛苦苦积累起来的巨额财产毁于一旦，直接损害了经济和社会的进步，又影响了社会的稳定，教训十分深刻。”

2003年12月，国家安全生产监督管理局、国家煤矿安全监察局发布《国家安全生产科技发展规划(2004—2010)》指出：“随着生活水平的提高和独生子女逐渐成为就业主体，人们对生产活动中安全健康的需求正逐步增加。”

2003年12月，国家安全生产监督管理局、国家煤矿安全监察局发布《国家安全生产发展规划纲要(2004—2010)》指出：“安全生产形势依然严峻：各类事故死亡人数居高不下，‘九五’期间全国各类事故死亡53.2万人，平均每年10.6万人，‘十五’前三年死亡40.6万人，平均每年13.5万人；煤矿、道路交通、建筑、危险化学品等领域伤亡事故多发的状况尚未从根本上扭转；非公有制企业发生的事故起数和死亡人数均占全国总数的70%左右；职业危害相当突出，据统计，我国尘肺病总人数高达55万人，每年新发尘肺病患者约1万例以上，全国有50多万个厂矿存在不同程度的职业危害，实际接触粉尘、毒物和噪声等职业危害的职工达2500万人以上；一些地方和单位重特大事故时有发生，给人民群众生命和国家财产造成了严重的损失。”

安全生产状况的好坏对民生的影响是多方面的，包括事故伤亡人员及其家庭、劳动者劳动权的实现、人的健康长寿等，所以说安全生产是关乎千家万户、亿万群众生活质量好坏、幸福程度高低的最重要的民生。

## 一、安全生产影响事故伤亡人员及其家庭

我国安全生产形势严峻，是多方面因素造成的。随着经济增长速度加快和产业结构调整，工业生产规模扩张，工业就业人员快速增加，经济快速增长与安全生产基础薄弱的矛盾日益突出；随着农村剩

余劳动力的转移，大量农民工来到城市，由于文化水平不高和安全技能不足，致使安全风险增加；以公有制为主体、多种经济成分共同发展的经济制度，使安全生产的监管对象趋于多元化，监管的难度加大；市场经济的趋利性，使一些企业对利润的追求远远大于对安全的追求，容易产生急功近利甚至要钱不要命（劳动者的生命）的思想，从而放松安全甚至是放弃安全谋求利益。所有这些，都使我国安全生产形势被动、工伤事故不断发生的状况始终没有从根本上得以改观，给人民群众生命安全和身体健康造成重大危害。

安全事故对人的生命的危害是十分巨大的，后果是十分惨痛的。从以下一次死亡100人以上的事故中，可以看出事故对生命的危害有多大：

——1950年2月27日，河南省新豫煤矿公司宜洛煤矿瓦斯爆炸，死亡174人，重伤致残2人，轻伤24人。

——1959年2月15日，四川省盐源县龙塘水库发生火灾，死亡199人，伤75人。

——1960年5月9日，山西省大同市老白洞煤矿发生特大瓦斯爆炸事故，死亡682人。5月14日，四川省松藻煤矿二井发生瓦斯突出事故，死亡125人。11月28日，河南省平顶山市五庙煤矿发生瓦斯爆炸，死亡187人。

——1975年5月11日，陕西省铜川市焦坪煤矿发生瓦斯煤尘爆炸事故，死亡101人，伤15人。8月4日，广东省航运局珠江船运公司第二船队240号船和245号船在广州至肇庆航线上相撞，死亡431人。

——1987年5月6日至6月2日，黑龙江省大兴安岭发生森林火灾，死亡193人，伤226人。

——1994年11月27日，辽宁省阜新市艺苑歌舞厅发生火灾，死亡233人；12月8日，新疆克拉玛依市友谊馆发生火灾，死亡323人，伤130人。

——2000年9月27日，贵州省水城矿务局木冲沟矿发生瓦斯爆炸事故，死亡162人。12月25日，河南省洛阳市东都商厦发生火灾，死亡309人。

——2015年6月1日，“东方之星”号客轮在长江水面翻沉，死亡442人。

安全生产工作抓不好，发生事故，导致人员伤亡和受伤，对受伤害者本人而言是莫大的灾祸，对其亲人而言又是多大的灾难和痛苦啊！而且这种失去亲人的痛苦将会伴随一生，这又是一种多么深重的苦难！

安全生产事故对家庭幸福造成的巨大影响，从以下报道中就可见一斑：

## 一年百万家庭因生产事故造成不幸

**新华社广州6月14日电** “我国一年有100万个家庭因安全生产事故造成不幸，按照一个家庭3人计算，20年中就牵涉6000万人。”在此间举行的安全生产万里行安全形势报告会上，国家安监总局局长李毅中用一组惊人的数字，向社会通报了我国安全生产面临的严峻形势。

李毅中说，目前我国的安全生产正在稳定中呈现好转态势，但形势依然严峻，事故多发的势头并没有得到遏制。2004年，全国GDP达到13.6万亿元，同时也有13.6万人死于安全事故，1亿GDP死亡1个人；全国人口有13.2亿人，也就是说，去年1万居民当中有一个人死于安全事故。另外，去年有70万人因安全事故导致伤残。再加上职业病造成的影响，去年因安全事故导致的伤亡人数加起来有100万人，也就是一年有100万个家庭因安全生产事故造成不幸，按照一个家庭3人计算，20年中就牵涉6000万人。如果再把受到影响的亲戚、朋友统计在内，受到影响的人数更是一个无比庞大的数字。

李毅中说，2004 年死于安全事故的 13.6 万人中，有 10.6 万人是死于交通事故。“万车死亡率”为 10，是美国的 6 倍，日本的 10 倍。煤矿的安全形势更不容乐观：由于我国存在高瓦斯矿多、露天矿少等不利因素，去年的“100 万吨死亡率”为 3，这个数字是美国的 100 倍，是波兰和南非的 10 倍。我国煤矿产量占世界的 31%，但煤矿死亡人数却占了世界煤矿死亡人数的 79%！

李毅中说，去年几乎每过几天都有大事故发生：2004 年，全国共发生一次死亡 10 人以上的特大事故 129 起，也就是每 3 天发生一起；一次死亡 30 人以上的特别重大事故，去年共发生 14 起，也就是不到一个月发生一起。今年的“开局不利”更是令人担忧：1 到 5 月，一次死亡 10 人以上的事故有 23 次，死亡 682 人，比去年同期增加 1.6 倍。

李毅中说，去年安全事故造成的直接经济损失高达 2500 亿元，约占全国 GDP 的 2 个百分点，这还不算间接的经济损失。“全国人民辛辛苦苦，才让 GDP 上升了八九个百分点，结果安全事故一发生，2 个百分点就没了！”（张虹生、吴俊）

**新华社 2005 年 6 月 14 日播发**

但更惨痛的，则是一家人在同一个安全事故中同时遭遇不幸。

——2012 年 1 月 16 日，芜宣高速上，一辆蓝色小型面包车与一辆载满货物的大货车相撞，事故当场造成 7 死 1 伤，第二天被送往医院的重伤女子去世。面包车内一家 8 人是从陕西前往浙江返乡过年的。

——2013 年 10 月 5 日，四川省内江市威远县一家 6 人驾车到西安市看兵马俑返川途中，所乘小型面包车行至绵广高速新安收费站附近时，突然被后面的大货车追尾，并撞上一辆停靠在前面的半挂车，导致 6 人不幸全部遇难。

——2014 年 10 月 4 日，广东省河源市紫金县好义镇发生一起三车相撞的道路交通事故。面包车上载有 8 人，来自一个家庭。现场造成 7 人死亡，一人重伤，之后重伤者被紧急送往医院，但在抢救途中不幸死亡。

保障生命安全和身体健康，是广大劳动者及其家庭的第一愿望、第一需求，是他们最基本、最核心的利益，同时也是经济社会健康发展的基本前提，是第一民生，全社会必须认真抓好这一天大的事。

## 二、安全生产关系劳动者劳动权的实现和家庭财富的增长

我国《宪法》第四十二条规定："中华人民共和国公民有劳动的权利和义务。国家通过各种途径，创造劳动就业条件，加强劳动保护，改善劳动条件，并在发展生产的基础上，提高劳动报酬和福利待遇。"

显然，公民要行使劳动权利、履行劳动义务，首先必须保证其生命安全和身体健康。正如马克思所指出的：**"我明天得像今天一样，在体力、健康和精神的正常状态下来劳动。"**劳动者只有保持生命安全和身体健康不受伤害，才能在明天像今天一样进行生产劳动，才能获得相应的劳动报酬和福利待遇。

我国是社会主义国家，实行按劳分配的原则，劳动者要多分多得，就应当多劳，这就要求劳动者要有安全健康。1984 年 10 月 12 日，党的十二届三中全会通过的《中共中央关于经济体制改革的决定》明确指出："随着利改税的普遍推行和企业多种形式经济责任制的普遍建立，按劳分配的社会主义原则将得到进一步的贯彻落实……在企业内部，要扩大工资差距，拉开档次，以充分体现奖勤罚懒、奖优罚劣，充分体现多劳多得、少劳少得。"

可以想象，劳动者的身体在安全事故中受到伤害，即使还能进行生产劳动，大多也只能从事一些辅助性的体力劳动，想要勤起来、优起来、多起来，也是心有余而力不足，难以做到，这将直接影响其收入和待遇。党的十八大报告指出，到 2020 年要实现全面建成小康社会的宏伟目标，实现国内生产总值和城乡居民人均收入比 2010 年翻一番。如果劳动者身体因安全事故受到伤害，即使仍然可以劳动，也只

能选择那些低附加值、低收入的工作岗位，难以实现“收入比2010年翻一番”的目标。

对大多数中国家庭来说，收入的主要来源是劳动收入，而不是非劳动收入，这就要求家庭中的主要劳力必须安全健康，这样才能保证家庭财富不断增加，而广大社会公众个人收入及其家庭财富的增加，不仅关系着其生活水平的高低，更关系着社会稳定。

从扶贫的角度看，抓好安全生产也有着重大作用和意义。

贫困是世界各国和国际社会面临的挑战。促进发展，消除贫困，实现共同富裕，是人类孜孜以求的理想。我国是世界上人口最多的发展中国家，发展基础差、底子薄，不平衡现象突出，特别是农村贫困人口多，解决贫困问题的难度很大。我国的减贫，在很大程度上就是解决农村的贫困问题。

20世纪80年代中期以来，我国开始有组织、有计划、大规模地开展农村扶贫开发，先后制定实施《国家八七扶贫攻坚计划(1994—2000年)》、《中国农村扶贫开发纲要(2001—2010年)》、《中国农村扶贫开发纲要(2011—2020年)》等减贫规划，使扶贫减贫成为全社会的共识和行动。

经过各方共同努力，扶贫工作取得阶段性成果，农村居民的生存和温饱问题基本解决。根据经济社会发展水平的提高和物价指数的变化，国家将全国农村扶贫标准从2000年的865元人民币逐步提高到2010年的1274元人民币。以此标准衡量的农村贫困人口数量，从2000年底的9422万人减少到2010年底的2688万人；农村贫困人口占农村人口的比重从2000年的10.2%下降到2010年的2.8%。

虽然我国的综合国力有了显著增强，但中国仍然是一个人均收入水平较低的发展中国家，扶贫开发是我国一项长期而艰巨的任务，要持续推进这项工作，抓好安全生产工作特别是保障农民工的安全健康是一个不容忽视的重要方面。

2013年5月，国家统计局发布《2012年全国农民工监测调查报告》披露，2012年外出农民工月均收入是2290元；分行业看，收入水平较高的是劳动强度大、风险较高的采矿业、建筑业和交通运输业的农民工。调查显示，每周工作时间超过《劳动法》规定的44小时的外出农民工高达84%，有一半以上的农民工没有签订劳动合同，社会保险的参保水平总体仍然较低。

2014年5月，国家统计局发布《2013年全国农民工监测调查报告》披露，2013年全国农民工总量为26894万人，其中外出农民工为16610万人，本地农民工为10284万人；农民工外出务工月收入水平持续提高，2008年为1340元，2009年为1417元，2010年为1690元，2011年为2049元，2012年为2290元，2013年为2609元。调查显示，农民工超时劳动问题没有缓解，工资拖欠问题依然存在，签订劳动合同的比例依然不高。

从《2012年全国农民工监测调查报告》和《2013年全国农民工监测调查报告》可以看出，两亿多农民工在为国家、为社会创造大量财富的同时，由于其在社会上的弱势地位，他们的合法权益很容易被侵犯，一旦发生安全事故，生命安全和身体健康受到伤害时维权也是很困难的。作为农村家庭中的顶梁柱，农民工一旦因为安全事故而产生意外，其家庭财富不仅不会增加，还会迅速减少，原本是贫困户的将更加贫困，刚刚脱贫的也会因此返贫。从推进我国扶贫开发事业、造福广大农民的角度出发，也应全力以赴抓好安全生产。

## 三、安全生产影响劳动者的健康长寿

健康长寿历来是广大人民群众的重要追求，建设和谐社会，实现全面小康，就更应顺应人民群众的这一意愿，维护和促进人民群众的健康长寿。

随着经济社会的持续发展，人们生活水平的不断提高，以及医疗条件的大幅改善，人类平均寿命也在稳步延长。

世界人口的年龄结构在相当漫长的时期里都没有多大变化，直到近代，特别是18世纪欧洲国家的平均寿命延长后，才开始有明显的改变。18世纪，欧洲资本主义迅速发展，人们的物质生活条件有所改善，欧洲人口的平均寿命有了明显提高；到19世纪中叶，欧洲人口的平均寿命超过40岁。到20世纪末，世界人口男女平均寿命分别达到63.3岁和67.6岁，世界发达地区的男女平均寿命分别达到71.7岁和78.7岁，欠发达国家男女平均寿命分别为61.8岁和65岁，最不发达国家人口男女平均寿命分别为49.6岁和51.5岁。世界卫生组织2014年8月在瑞士日内瓦发布《2013年世界卫生统计公报》披露，全球平均预期寿命已经从1990年的64岁增加到70岁。

中国人均寿命也在不断增加。新中国成立前，我国人民的平均寿命为35岁。1978年以来，我国人均寿命保持了持续上升趋势。见表6-1。

**表6-1　中国人均寿命表**

| 年份 | 男(岁) | 女(岁) | 平均(岁) |
|---|---|---|---|
| 1981年 | 66.28 | 69.27 | 67.77 |
| 1990年 | 66.84 | 70.47 | 68.55 |
| 2000年 | 69.63 | 73.33 | 71.4 |
| 2010年 | 72.38 | 77.37 | 74.83 |

我国人均寿命从新中国成立前的35岁，增长到2010年的74.8岁，比当年世界人口平均预期寿命69.6岁高5.2岁，说明了我们国家和社会的巨大进步，说明了广大人民群众的幸福程度在不断提升；而要持续维护好这种进步和幸福，抓好安全生产是必不可少的。

安全工作对劳动者健康长寿的影响有两个方面，一是事故，二是职业病。

在安全事故中不幸遇难的人员，其生命已经结束，既无法再为国家和社会作贡献，也无法继续享受现代文明生活。无论是生产事故还是其他事故，遇难的多是青壮年，三四十岁的年龄，本来还有好几十年的寿命，却因一场事故而使生命就此结束。

2013 年 6 月 18 日，新疆昌吉市一辆载有 36 人的旅游大巴坠入 40 米深沟，造成 15 人死亡，其中 11 岁至 20 岁的有 1 人，21 岁至 30 岁的有 4 人，31 岁至 40 岁的有 3 人，41 岁至 50 岁的有 5 人，另外 2 人年龄不详。

2014 年 12 月 31 日，上海外滩陈毅广场拥挤踩踏事故导致 36 人死亡，49 人受伤。在死亡的 36 人中，11 岁至 20 岁的有 7 人，21 岁至 30 岁的有 27 人，31 岁至 40 岁的有 2 人。

在事故中不幸遇难的人员，其生命已经终结，再也谈不上长寿了；而在事故中受伤的人员，其健康状况已经受到伤害，这也在一定程度上影响其长寿。

职业病防治状况，对人的健康长寿影响也很大。

随着经济社会发展和科技进步，各种新职业、新材料、新工艺、新技术的不断出现，产生职业危害的因素种类越来越多，导致职业病的范围越来越广，我国对法定职业病的范围也在不断修订。1957 年我国规定有 14 种法定职业病；1987 年修订为 9 类 99 种；2002 年 4 月，卫生部、劳动和社会保障部公布职业病分类和目录，分为 10 类 115 种；2013 年 12 月国家卫生计委等 4 部门联合颁发了《关于印发〈职业病分类和目录〉的通知》，将职业病调整为 132 种。

多年来，我国职业健康工作在各方共同努力下取得长足发展，职业危害防治工作不断加强。但是，随着经济的快速发展以及工业化、城镇化的不断推进，我国职业危害形势依然严峻。由于职业危害防治工作基础比较薄弱，用人单位责任不落实，大量进城就业的农民工健康保护意识不强、职业危害防护技能缺乏，以及政府监管存在薄弱环节，导致了我国职业病发病率呈现高发态势，我国职业病防治形势十分严峻。

据统计，我国有毒有害企业有1600多万家，接触职业病危害的劳动者高达2.2亿人，占现有劳动力人口7.6亿人的29%。根据卫生部的统计，到2010年我国累计报告职业病74.99万例，今后我国职业病发病还将继续呈现上升趋势。仅就煤炭行业而言，全国煤矿有265万名接触煤尘人员，据测算，每年有5.7万人患上尘肺病，因尘肺病死亡的有6000多人。对此，我国煤炭行业500多万名职工强烈要求体面劳动，要求采取更有力的措施防治尘肺病等各种职业病的危害。

我国过去30年粗放型的经济发展模式埋下了很多职业病隐患。由于职业病有潜伏期，近几年我国职业病发病状况呈现高发态势。2010年，共报告职业病27240例，同2009年相比增加9112例，增长幅度为50%，全国累计报告749970例。

高发的职业病是一个十分危险的信号，它不仅给社会救助和养老造成巨大压力，给社会和谐稳定带来直接危害，而且给个人和家庭带来沉重负担，直接危害职业病患者的健康长寿。当前我国职业病防治的严峻形势，需要引起全社会的共同关注。

职业病对劳动者的危害是一个全球性的问题，长期以来一直得到国际社会的高度关注。1979年，世界卫生组织提出“到2000年人人享有健康”的全球性健康策略。1985年，国际劳工组织在日内瓦召开的第71届国际劳工大会通过了《职业卫生服务公约》，并于1995年进行了修订。1994年，国际劳工组织和世界卫生组织提出“人人享有职业卫生”。

2013年4月28日，国际劳工组织在世界安全与健康日这天发布《预防职业病》报告披露，全球每年有202万人死于职业病，但半数以上国家和地区还缺乏对职业病情况的统计。世界卫生组织已经提出，到2030年完全消除尘肺病。

1984年5月，《家庭》杂志社举办了我国第一次家庭研究学术讨

论会,来自全国17个省市的76名专家学者参加了会议。经过与会者讨论,发表《宣言》,共十条,部分内容如下:

第一条:中国的家庭是社会主义社会的细胞,是社会主义劳动者安居乐业的场所。家庭在建设社会主义物质文明和精神文明中具有重要的地位和作用。

第八条:家庭利益同国家利益在根本上是一致的。国家利益保障家庭利益,家庭利益应当服从国家利益。

第十条:国家在改革,社会在前进。全社会都应当积极和慎重地改革家庭的结构和职能,努力建设和发展五好文明家庭。中国应当在家庭改革的理论和实践上对世界做出更大贡献。

实际上,安全生产对民生的影响并不局限于家庭这一局部范围,它还影响着社会,影响着国家;同时,其影响的时间也不仅仅只在当时,而是十分长远的。

安全生产是社会进步的重要标志,是广大群众幸福安康的重要保障,是亿万劳动者及其家庭财富不断增长的重要前提,是最大的民生。抓好安全生产工作,是群众所盼,是社会所愿,这种民生效益之大,无法用金钱来衡量。

## 第四节　安全生产资源环境效益

当前,世界范围内的人口、资源、环境与实现工业化的矛盾日益突出,这是全人类共同面临的一个重大挑战,也是我国一个十分紧迫的现实问题。

切实抓好安全生产工作,无论是对于节约能源资源还是保护生态环境,都有着十分直接和明显的作用,而这一点还没有被广大社会公众普遍认识,更没有被广泛重视。

首先,抓好安全生产有助于节约能源资源。

一旦发生事故，不仅会对生产力和其他社会条件造成损害，带来灾难性的后果，同时也是对能源资源的巨大浪费，这主要体现在以下三个方面：一是事故毁坏机器设备及厂房，而这些都是耗费了大量资源和能源才得来的；二是能源生产及运输企业发生事故，直接导致能源大量泄漏和浪费；三是事故发生后，为了抢险救援和善后，政府及社会方面需要付出许多成本和代价，其中就包含大量能源资源。而实际上，事故发生后的损失和影响往往不单纯是一个方面，而是多种后果的交织和叠加，这对能源资源的浪费就更大了，从以下事例中就可以清楚地看出。

1989 年 8 月 12 日，山东省青岛市黄岛油库发生特大火灾爆炸事故，19 人死亡，100 多人受伤，直接经济损失 3540 万元。事故的直接原因是由于非金属油罐本身存在的缺陷，遭受雷击后，产生的感应火花引爆油气。大火殃及附近的青岛化工进出口黄岛分公司、航务二公司四处、黄岛商检局、管道局仓库和建港指挥部仓库等单位。当天 18 时左右，部分外溢原油沿着地面管沟和低洼路面流入胶州湾，大约 600 吨油水在胶州湾海面形成几条十几海里长、几百米宽的污染带，造成了胶州湾有史以来最严重的海洋污染。

火灾发生后，青岛市全力以赴投入灭火战斗，组织党政军民 1 万余人进行抢险救灾；山东省各地市、胜利油田、齐鲁石化公司的公安消防部门，青岛市公安消防支队，以及部分企业消防队，共出动消防干警 1000 多人，消防车 147 辆；黄岛区组织了几千人的抢险突击队，并出动各种船只 10 艘；北海舰队派出消防救生船和水上飞机、直升飞机参与灭火和抢救伤员；在国务院统一组织下，全国各地紧急调运了 153 吨泡沫灭火液及干粉用以灭火。经过连续几天几夜的奋战，8 月 16 日 18 时，油区内所有残火、暗火全部熄灭，大火被扑灭。

这次火灾事故的损失，仅从浪费能源资源的角度讲，就包括燃烧和泄漏的原油，毁坏的油区储罐及相关设施，殃及的其他相关单位，消防车、船只舰艇、水上飞机和直升飞机消耗的油品，以及从全国各地运送153吨泡沫灭火液及干粉所消耗的油品，等等。假如没有发生这次事故，所有这些能源资源都能节省下来。

2010年7月16日18时左右，辽宁省大连市新港一艘30万吨级外籍油轮在暂停卸油后，负责作业的公司继续向输油管道注入含强氧化剂的原油脱硫剂，从而引发爆炸并导致大量原油泄漏，大连附近海域海面被原油污染。大火在第二天被扑灭，而消除海面污染则持续多日。到7月25日，清污工作累计出动专业清污船只266艘次，大小渔船8150艘次，车8550辆次，参加清污人员4.5万人次，共完成261平方公里受污染海面的清理工作。这次事故耗费的能源资源，包括烧毁和泄漏的原油、毁坏的油区储罐及相关生产设施，以及灭火及清污工作中各种车辆、船只所用油品，等等。

从以上两起事故可以看出，浪费的能源资源包括事故本身毁坏的各种生产设施、燃烧及泄漏的原油，抢险救灾及善后处理动用的车辆、船只等交通工具所耗费的油品，以及被污染的土地和损毁的植被等。而如果抓好安全生产，没有发生这样的事故，当然也就不会有这些方面的浪费，这对整个社会将是多么巨大的节约。

其次，加强安全生产能够有效保护生态环境。

自然界是人类生存和发展的基础，人类活动离不开自然界。迄今为止，人类通过生产活动所创造的一切物质财富，无不直接或间接来自大自然，人类所拥有的各种劳动财富，不过是自然财富的转换形态而已。

现代社会，人类的社会生产力得到空前提高，社会产品及社会财富大大增加，消费水平大大提高；而与之相应的则是能源资源的消耗大大增加，废弃物和污染物的排放大大增加。可以说，经济越发展、科技越进步、生产手段和设施越先进，人类对自然的开发利用越深、越广，取之于自然的也就越多、越快，向自然输出的废弃物和污染物也就越多、越快。结果，随着经济的快速发展，社会越来越“富有”，而自然却越来越贫困；人类越来越“强大”，而自然却越来越脆弱。假如人类仍然无节制地向自然索取和掠夺，当把它逼到不堪重负的那一天时，也就是人类的末日。

良好的生态环境是人类社会持续发展的根本基础，也是提高人们生活水平的重要保障。党的十八大报告明确指出："建设生态文明，是关系人民福祉、关系民族未来的长远大计。面对资源约束趋紧、环境污染严重、生态系统退化的严峻形势，必须树立尊重自然、顺应自然、保护自然的生态文明理念，把生态文明建设放在突出地位，融入经济建设、政治建设、文化建设、社会建设各方面和全过程，努力建设美丽中国，实现中华民族永续发展。"

要建设美丽中国，为人民群众创造良好生产生活环境，为子孙后代留下天蓝、地绿、水净的美好家园，既离不开清洁发展、绿色发展，也离不开安全发展。

发生安全事故对生态环境的影响和破坏，主要有以下四种情况：

一是火灾、爆炸中的燃烧导致空气污染。

1987年5月6日到6月2日，黑龙江省大兴安岭发生火灾，这是我国最严重的一次森林火灾。5月6日，火灾在大兴安岭地区的西林吉、图强、阿尔木、塔河四个林业局所属的几处林场同时发生。由于天气干燥、气温较高，加之5月7日傍晚刮起8级以上大风，最大风力超过9.8级，使得火势愈演愈烈。经过各方全力扑救，加上在最后时期林区大范围降雨，大火于6月2日被彻底扑灭。

这次火灾死亡193人，烧伤226人，过火面积133万公顷，是新中国成立以来毁林面积最大、伤亡人数最多、损失最为惨重的一次森林火灾。这次大火对生态环境的破坏是巨大的：过火有林地和疏林地面积114万公顷，其中受害面积87万公顷，焚毁85万立方米木材、房屋61万平方米、粮食325万公斤，火灾产生的浓烟和灰烬对环境造成巨大污染；同时，百万公顷的森林和草场被焚毁，原先涵养水源、防风固沙、净化空气、改善气候等方面的作用也全部消失殆尽。

二是扑灭火灾的消防用水处置不当，引发污染。

1986 年 11 月 1 日，瑞士巴塞尔市的桑多公司的制品仓库发生了农药和化学制剂火灾，6000 平方米的仓库全部烧毁，共损失 1800 万瑞士法郎，幸好没有造成人员伤亡。在扑救火灾时，150 名消防队员全力放水灭火，用了大约 1000 吨水，这些水将仓库中含汞杀虫剂等化学药品 30 多吨冲入莱茵河。被污染的水呈红色带状，以每小时 3.7 公里的速度，从巴塞尔市河段经法国、联邦德国、荷兰等国流入北海，被污染的地区涉及 10 个国家，尤其是距巴塞尔市 300 公里以内的德国和法国受害最为严重，几十万条鳗鱼被毒死，不仅影响渔业，而且导致啤酒厂停产，饮水及农业用水不足。而且在事故的一开始，由于没有预料事故的连锁性和严重性，桑多公司及瑞士政府迟迟未向相关国家通报这一非常事故，从而使灾难损失扩大，引起国际上一场大的赔偿问题的交涉。最后，瑞士政府及桑多公司支付了十几亿瑞士法郎的赔偿金，这是火灾事故本身损失的几十倍，教训十分沉痛。

2005 年 11 月 13 日，吉林石化公司双苯厂一车间发生爆炸，14 日凌晨 4 点大火被扑灭。这次事故共造成 5 人死亡，1 人失踪，60 多人受伤。爆炸引起大火，在灭火过程中，大量苯类物质尚未燃烧或燃烧不充分，随着消防用水，绕过专用的污染水处理通道，通过排污口直接进入松花江，最终形成了长达 80 公里的漫长的污染带。11 月 24 日，国务院新闻办公室举行新闻发布会，国家环保总局就松花江水污染事件的总体情况通报指出："事故产生的主要污染物为苯、苯胺和硝基苯等有机物。事故区域排出的污水主要通过吉化公司东 10 号线进入松花江；超标的污染物主要是硝基苯和苯，属于重大环境污染事件……24 日中午 12 时，最新监测数据显示，硝基苯超标 10.7 倍，苯未超标。这个污水团长度约 80 公里，在目前的江水流速下，完全通过哈尔滨需要 40 小时左右。"松花江水污染事件发生后，俄罗斯对松花江水污染对中俄界河黑龙江（俄方称阿穆尔河）造成的影响表示关注。中国向俄道歉,并提供援助以帮助其应对污染。

三是化工厂储罐、油气管道等因安全事故被损害,导致有毒有害物质及油品等大量泄露,污染和危害周围环境。

1984 年 12 月 3 日凌晨,印度博帕尔市北郊的美国联合碳化物公司印度公司的农药厂,在一声巨响声中,一股巨大的气柱冲向天空,形成一个蘑菇状气团,并很快扩散开来,这是农药厂发生的严重毒气泄漏事故。液态异氰酸甲酯以气态从出现漏缝的保安阀中溢出,并迅速向四周扩散。虽然农药厂在毒气泄漏后立即关闭了设备,但已有 30 吨毒气化作浓重的烟雾迅速四处弥漫,很快就笼罩了周围地区,数百人在睡梦中就被悄然夺走了性命,几天之内有 2500 多人死亡。此后多年里又有 2.5 万人因为毒气引发的后遗症死亡,还有 10 万当时生活在爆炸工厂附近的居民患病,3 万人生活在饮用水被毒气污染的地区。

四是安全事故将工厂厂房、居民住宅等摧毁所产生的固体废物造成的污染。

据统计,我国有 2/3 的城市都处于垃圾的包围之中,垃圾围城成为经济建设和社会发展中的一种顽疾。这些堆积如山的垃圾严重污染土壤和地下水,释放大量有害气体,给人们的生存环境带来严重危害,被称为潜伏在城市周边的“巨型炸弹”。这些垃圾的来源主要有两方面,一是社会垃圾,目前我国每年城市的社会垃圾有 2.5 亿吨;二是工业生产垃圾,尤其是大宗工业固体废物,2005 年产生量为 16 亿吨,2010 年上升为 27.6 亿吨,当年其综合利用率为 40%。

《大宗工业固体废物综合利用“十二五”规划》指出:“十一五”期间,大宗工业固体废物产生量快速攀升,总产生量 118 亿吨,堆存量净增 82 亿吨,总堆存量将达到 190 亿吨。“十二五”期间,随着我国工业的快速发展,大宗工业固体废物产生量也将随之增加,预计总产生量将达 150 亿吨,堆存量将净增 80 亿吨,总堆存量将达到 270 亿吨,大宗工业固体废物堆存将新增占用土地 40 万亩。堆存量增加将使得环境污染和安全隐患加大。

发生安全事故，特别是火灾、爆炸事故，会大量毁坏工厂厂房、仓库、商用及民用建筑，以及道路、桥梁等其他基础设施。这些被毁坏的砖瓦及混凝土成为固体废物，大量堆积起来，既要占用空间存放，又会造成环境污染。在社会垃圾和工业生产垃圾中的固体垃圾已经在大量产生的情况下，发生安全事故，又产生更多的固体垃圾，使这种污染形势更加严峻。

由于传统现代化路径对能源资源的高度依赖，每有一个或一批国家实现现代化，就会给地球的能源资源消耗和生态环境保护增加新的压力。目前全球现代化人口达到13亿人，约占2014年世界总人口71.5亿人的18%。根据《BP世界能源统计年鉴》刊载数据，现代化国家（OECD成员国）2011年共消耗了全球51.5%的石油、47.7%的天然气、29.5%的煤炭、81.4%的核能、40%的水电和76%的其他可再生能源。

我国人口多、资源少，资源环境的承载能力弱。我国石油、天然气、铁矿石、铜和铝土矿等重要矿产资源人均储量分别约为世界平均水平的11%、4.5%、42%、18%和7.3%。我国森林覆盖率不到世界平均水平的2/3，人均森林面积为世界平均水平的1/6，沙化土地面积占国土面积的近1/5，水土流失面积占国土面积的1/3以上。同时，环境污染问题严重，近年来水污染事件频发、雾霾天气增多，不少地区的环境容量已经逼近临界点，资源和环境问题越来越成为我国经济发展的硬约束。

1999年3月13日，江泽民同志在中央人口资源环境工作座谈会上指出："在世纪之交，促进我国经济和社会的可持续发展，必须在保持经济增长的同时，控制人口增长，保护自然资源，保持良好的生态环境。这是根据我国国情和长远发展的战略目标而确定的基本国策。"落实好保护自然资源、保持良好生态环境的基本国策，抓好安全生产必不可少。

当前我国资源和环境工作仍然面临着许多问题，尤其是在工业化和城镇化快速发展阶段，资源供给约束和环境容量约束更为凸显。2012年我国经济总量占世界的比重为11.4%，但消耗了全世界21.3%的能源、54%的水泥、45%的钢、43%的铜，付出的资源环境代价很大。要有效解决这一矛盾，实现经济社会持续发展，抓好安全生产、实现安全发展，既能够节约能源和资源，又能够减少污染、保护环境，具有明显的资源和生态效益。因此，抓好安全生产工作，对于解决我国资源和环境工作面临的一系列问题，不仅是有效途径，而且是必由之路。

安全生产在经济社会发展中之所以具有极端重要的作用和地位，就是因为它有着巨大的、无法估量的经济效益、政治效益、民生效益、资源环境效益，但实际上，这四种效益也并不是安全生产的全部效益，而这些已经足够惊人了。

我国最大的国情就是人口多、不发达。虽然经过多年的快速发展，我国已经成为经济大国，但还远不是经济强国，还没有从根本上摆脱落后状态。长期以来高投入、高消耗、高污染、低效益的粗放发展方式已不可为继，必须从规模速度型粗放增长转向质量效率型集约增长，努力实现更有效率、更加公平、更可持续的发展，这就对安全生产提出了新的、更高的要求。抓好安全生产工作，既能为经济社会发展提供良好的保障，也能够取得经济、政治、民生和资源环境几方面的巨大效益，是我国经济社会持续健康发展所必不可少的。因此，对于安全生产无论怎样重视和加强，都不为过，都是应该的。

# 第七章　四条定律——安全生产规律论

自从人类诞生以来，就离不开生产和安全这两大基本需求。然而，人类对安全的认识却长期落后于对生产的认识，直接导致了在社会生产飞速发展的同时各类事故接连不断，吞噬了无数人的生命健康和大量社会财富，给经济社会发展和人类文明进步带来巨大灾难。

当前我国正处在工业化、城镇化快速发展进程中，安全基础比较薄弱，重特大事故尚未得到有效遏制，非法违法生产经营建设行为屡禁不止，职业危害严重，安全生产工作呈现总体稳定、趋于好转和情况依然严峻的形势，安全生产已经成为制约我国经济社会科学发展的一个重大瓶颈。

要抓好安全生产工作，从根本上扭转我国安全生产的被动局面，最根本的是要深刻认识和自觉遵循安全生产发展规律，按照客观规律办事。然而正是在安全生产基本规律这一至关重要的问题上，多年来认识不清、重视不够、遵循不足，导致了我国安全生产的被动局面。那么，安全生产工作基本规律是什么呢？

2012 年 12 月，笔者出版了《安全生产定律论》一书，探索总结出简氏安全生产四大定律，包括简氏第一定律即同生共存定律、简氏第二定律即脆弱平衡定律、简氏第三定律即投入产出定律、简氏第四定律即递进扩散定律，这四条定律就是安全生产工作的基本规律。

**——同生共存定律**，就是安全与生命、安全与生产、安全与效益、安全与发展、安全与速度、安全与稳定等是一种同生共存的关系，没有安全就没有生命，就没有生产，就没有效益，就没有发展和进步，就没有社会的平安稳定。它揭示了我国安全生产工作的重要性和必要性。

**——脆弱平衡定律，**就是由于安全生产是一个庞大的系统工程，它受多种因素制约和影响，其中任何一个因素或环节的变化，都有可能对其他因素和环节造成影响，引发连锁反应，从而使原先安全的状态发生变化，变得不安全甚至导致事故发生。也就是说，安全是一种基础相当脆弱的平衡、稳定状态，它很容易受外界条件变化的而引起变动。它揭示了我国安全生产工作的艰巨性、复杂性、相对性、反复性和长期性。

**——投入产出定律，**就是安全需要进行很多方面的投入，如资金和设备的投入、人员和技能的投入、政策措施的投入、法律法规的投入、科学技术的投入等等，只有这样才能取得相应的安全结果即产出。它揭示了我国安全生产工作的转化性、可控性和事故可预防性。

**——递进扩散定律，**就是生产安全事故一旦发生，由于其特有的连锁性、扩散性、叠加性、延续性，使得事故的危害、损失和社会影响就不局限于事故发生现场和局部范围，而会不断扩散和放大。它揭示了生产安全事故的危害性、严重性和不可逆性。

无论任何实践活动，人们对于客观事物或现象所固有的必然性和规律性缺乏正确的认识，自己的行动就会无所适从，甚至陷于盲目、走向失败；相反，只有正确认识了事物的必然性和规律性，才能使自己的行动取得主动地位，达到预期成效。

正确认识我国安全生产工作的基本特性即重要性、必要性、艰巨性、复杂性、相对性、反复性、长期性、转化性、可控性、事故可预防性、危害性、严重性、不可逆性，自觉遵循简氏安全生产四大定律即同生共存定律、脆弱平衡定律、投入产出定律、递进扩散定律，才能使各项安全生产方针政策及具体措施符合实际、切中时弊、富有实效，才能全面做好安全生产工作，彻底扭转长期以来我国安全生产的被动局面，为经济社会发展提供可靠的安全保障。

# 第一节 同生共存定律

马克思指出：**“劳动首先是人和自然之间的过程，是人以自身的活动来引起、调整和控制人和自然之间的物质变换的过程。”**（《资本论》，第1卷，人民出版社，1975年版，第201—202页）

马克思还指出：**“劳动过程是制造使用价值的有目的的活动，是为了人类的需要而占有自然物，是人和自然之间的物质变换的一般条件，是人类生活永恒的自然条件，因此它不以人类生活的任何形式为转移，倒不如说，它是人类生活的一切社会形式所共有的。”**（同上书，第208—209页）

马克思的这两段论述，深刻说明了以下三点：第一，劳动是整个人类生存发展必不可少的前提条件；第二，劳动创造价值；第三，劳动是由人引发的、人和自然之间进行的物质交换的过程。

从古至今，从原始社会、奴隶社会、封建社会、资本主义社会到社会主义社会，“劳动过程是制造使用价值的有目的的活动，是为了人类的需要而占有自然物，是人和自然之间的物质变换的一般条件，是人类生活的永恒的自然条件”，这些都没有变；现在的人同几百年乃至几千年前的人相比，生理结构和机能也没有明显的变化，甚至某些方面如体力、速度等还有所下降，那为什么劳动的结果却发生了翻天覆地的变化——劳动生产率居然能够增大千倍？

答案当然是明确的，就是教育和科技。由于教育和科技的进步，使得劳动者、劳动资料和劳动对象同以往相比发生了根本性的变化，由此造成劳动结果的不同，也就成为一种历史必然。

首先，教育通过知识的传授和创新，改变了劳动者的素质，提高了劳动者的技能，开发了劳动者的潜力，这就大大提高了人们认识自然和改造自然的能力。如今的劳动者所掌握的自然规律、社会发展规律和知识经验，是几百年前、几千年前的人们根本不能相比的。

其次，在科技进步的引领下，劳动资料发生了革命性的变化。如今，现代化的机器早已取代了落后的手工工具，电子计算机等的广泛应用又使现代生产从机械化、自动化向智能化方向迈进。机器不仅代替了人的体力劳动，还代替了人的部分脑力劳动。现代工业生产中广泛应用的机器设备，同样是几百年前、几千年前人们所使用的简单、落后工具根本不能相比的。

任何时代的生产力无不是由诸多要素结合在一起才产生的，其中的差别只是各个要素在不同时代所发挥作用的方式和形态不同。在当代生产力的运行过程中，在科技的引领和推动下，一方面劳动者越来越成为科技化的劳动者，另一方面劳动者所从事的活动也越来越趋向于科技活动；一方面劳动工具越来越成为科技化的劳动工具，另一方面劳动工具的进步完善越来越以科技为核心和先导。

正是这种情况下，在生产力的两个重要因素劳动者和劳动资料已经被科学技术全面武装的情况下——工业生产的实质已经发生了根本性的变化，形成了“双重生产”这一人类崭新的劳动生产方式：

——以前是具体生产，现在既是具体生产又是抽象生产；

——以前是专门生产，现在既是专门生产又是通用生产；

——以前是有形生产，现在既是有形生产又是无形生产；

——以前是直接生产，现在既是直接生产又是间接生产；

——以前是单一生产，现在则是复合生产。

那么，以上所提到的诸多生产是什么含义呢？

所谓具体生产、专门生产、有形生产、直接生产、单一生产，是指工厂企业生产制造出某种具有使用价值的产品，比如机械厂制造出机器、钢厂生产出钢材、发电厂发出电；所谓抽象生产、通用生产、无形生产、间接生产，是指在生产过程中一种特殊产品——安全的生产。同机器、钢材以及电力等产品相比，“安全”这种产品就显得比较抽象和无形。既生产某种具有使用价值的具体产品，同时又生产“安全”这种产品，这就是复合生产。同一个生产过程同时产出两种不同的产品，这就是双重生产。

正如劳动是人类生存必不可少的条件一样，安全是工业生产存在和正常运行必不可少的条件，“安全”这种产品是其他任何具有使用价值的具体产品存在必不可少的条件。由此，我们就可以深刻揭示安全与生产之间的本质联系——同生共存。安全生产第一定律同生共存定律，就此产生。

同生共存定律是双重生产下的必然规律，是安全生产定律中最根本的定律。不仅生产和安全受同生共存定律支配，效益与安全、速度与安全、企业甚至是行业与安全、人的生命及健康与安全等无不受同生共存定律的支配，一旦违反这一定律，就一定会遭到失败、受到惩罚。

——1987 年 5 月 6 日至 6 月 2 日，林业部直属的大兴安岭森工企业发生特大森林火灾，给国家和人民的生命财产造成了重大损失，是新中国成立以来最严重的一次。大火不仅烧掉了许多森林资源，而且烧毁了城镇、民房、贮木场、仓库和火车站，造成职工、居民死亡 193 人，伤 226 人。

违反同生共存定律，国家的财富和人民的生命就受到重大损失。

——1994 年 6 月 23 日，天津市铝材厂盐浴炉爆炸，死亡 10 人，伤 65 人，直接经济损失 934 万元，厂房成为一片废墟。两年间生产无法恢复，到期债务无力偿还，于 1996 年 9 月 18 日宣告破产。

违反同生共存定律，企业就不能生存。

——1997 年 6 月 27 日，北京东方化工厂储罐区发生特大爆炸和火灾事故，死亡 9 人，伤 39 人，直接经济损失 1.17 亿元。

违反同生共存定律，企业的经济效益就受到重大损失。

——2006 年 11 月 5 日，山西省同煤集团焦家寨煤矿发生瓦斯爆炸事故，造成 47 人死亡，2 人受伤，直接经济损失 1213 万元。

违反同生共存定律，劳动者生命安全将会受到重大伤害。

实际上，一旦发生事故，与安全同时失去的绝不仅仅只是生产、只是效益、只是速度或只是人的生命，而往往是所有这些都会同时失去。我们说安全生产风险越来越大、事故损失影响越来越大，正体现在这里。

正是因为现代生产双重性——既是具体生产又是抽象生产、既是有形生产又是无形生产、既是直接生产又是间接生产、既是专门生产又是通用生产，就使得安全在生产中的地位发生了根本性的变化，从以往的次要因素变成现在的首要因素，“安全第一”就这样在机器轰鸣声中确立了它至关重要的地位。

1906年，美国U.S.钢铁公司由于坚持“产量第一、质量第二、安全第三”的生产经营方针，对安全重视和投入不够，事故频发，亏损严重，濒临破产。公司董事长凯理在查找原因时，通过全面计算安全事故造成的损失，得出结论是事故拖垮了企业。于是凯理将公司经营的生产方针进行了调整，变成“安全第一、质量第二、生产第三”，并在下属一个钢厂试点，由于事故减少，质量提高，生产增长，效益明显上升。实行“安全第一”见到显著成效，在整个公司立即进行推广，U.S.公司由此得到振兴。

“安全第一”的方针创立后，很快得到各国企业界的认可。1912年，美国芝加哥创立了全美安全协会；1917年，美国成立了安全第一协会；1927年，日本以安全第一为主题持续开展安全活动，至今已经坚持了80多年。如今，安全第一早已被世界各国普遍接受，成为人类在生产劳动领域普遍遵守的基本准则。

新中国成立后，安全第一首先在煤矿生产行业被确立为安全工作方针，之后又进一步推广到全国各个行业和领域。

1949年11月，燃料工业部召开第一次全国煤矿工作会议，针对旧中国煤矿劳动条件十分恶劣、工人生命没有保障的情况，明确指出：“在职工中开展安全教育，树立安全第一的思想，尽可能防止重大事故的发生，做到安全生产。”这是我国第一次明确提出坚持安全第一的要求。

1979年11月25日，“渤海2号”钻井船在渤海湾内翻沉，造成船上职工72人死亡和国家财产的重大损失。1980年8月25日，国务院印发《关于严肃处理“渤海2号”翻沉事故的决定》，指出：“安全生产是全国一切经济部门和生产企业的头等大事。”

1997年5月9日，江泽民同志对加强安全生产工作作出指示：“坚决树立安全第一的思想，任何企业都要努力提高经济效益，但是必须服从安全第一的原则。”

新中国成立至今已经60多年，党中央、国务院反复强调要坚持安全第一，但这一要求仍然没有得到全面、有效落实。正如2006年4月21日，国家安全生产监督管理总局局长李毅中在中央党校讲我国安全生产问题时所指出的：“受利益的驱动，至今仍有一些地方和企业负责人认为效益风险大于安全风险。他们认为只要效益上去，在安全上降低一些标准、减少一些投入，甚至受到一些处罚，也是值得的。”

由于认识不到双重生产这一新的生产方式，认识不到同生共存定律，一些地方政府片面追求经济发展速度，短期行为严重，在发展经济、招商引资、兴办企业时，首先考虑的是产值和利税，而往往忽略了安全和环保等民生问题，降低市场准入门槛。一些企业为了获得高额利润，把劳动者承担的伤亡风险提高到临界点，在随时可能发生伤亡事故的情况下组织生产，这也是导致我国安全事故频发、安全形势严峻的一个深层次原因。

只有深刻认识同生共存定律，将安全生产真正当作头等大事，将确保安全放在第一位的重要工作，严格执行安全第一方针，时时处处讲安全、重安全，才能从根本上解决这一问题。

## 第二节　脆弱平衡定律

我国已经成为工业经济大国，处于工业化中期的后半阶段，也就是处于重化工时期，国际经验表明，这也是工业化加速推进的阶段。工业化加速推进——这就意味着在整个社会生产当中，机器化、工厂化将在更大范围和更高层次上得以推行应用，这就是我国各种生产安全事故的根源。

早在 19 世纪 70 年代，恩格斯在《论权威》一文中就描述了拥有庞大工厂的现代工业“两个复杂化”的生产特点：**“代替多个分散的生产者的小作坊的，是拥有庞大工厂的现代工业，在这种工厂中有数百个工人操纵着蒸汽发动的复杂机器；大路上的客运马车和货运马车已被铁路上的火车所代替，小型帆船和内海帆船已被轮船所代替。甚至在农业中，机器和蒸汽也愈来愈占统治地位……可见，联合活动，互相依赖的工作过程的复杂化，正在取代各个人的独立活动。”**（《马克思恩格斯选集》，第 2 卷，人民出版社，1972 年版，第 551 页）他还指出：**“生产和流通的物质条件，不可避免地随着大工业和大农业的发展而复杂化。”**（同上书，第 553 页）

恩格斯在 1873 年所谈到的当时工业生产当中工作过程的复杂化、生产和流通条件的复杂化，在一百多年后的今天，其复杂程度不知又增加了多少倍。同时，我国生产企业和单位又面临着更多的复杂化的因素：复杂的市场竞争环境、复杂的利益群体、复杂的社会条件，再加上难以预料的自然条件变化的影响，使得安全生产这一开放、复杂、巨大的系统受到诸多因素的制约，在整体上呈现出脆弱平衡的特点，其中任何一个因素发生变化，都可能影响安全生产，这就使安全表现出脆弱性、反复性和低稳定性的特点。

安全的脆弱性、反复性以及低稳定性，可以从以下三个角度来理解。

第一，是安全的程度。

从词意和典故考证，“安”是指不受威胁、没有危险、太平、平安、安稳、稳定等，可谓无危则安；“全”是指完整、完满、齐备、没有伤害、没有损坏、没有残缺等，可谓无损则全。“安全”则是指各种事物对人不产生危害、不导致危险、不发生事故、不造成损失，运行正常，进展顺利。生产过程的安全即安全生产，是指不发生生产事故、设备或财产损失的情况，不导致职业病，即物不受损害，人不受伤害，环境不受破坏。

在实际生产和生活当中，安全与否是有一个程度的区别的，即绝对安全和相对安全。绝对安全就是100％的安全可靠，对人的身体和心理不造成任何伤害或威胁，这是最理想、最高境界的安全状态，实际上是不存在的。与此相对应，相对安全是指在一定的经济社会条件下，通过创造必要条件和采取有效措施，将人们所不希望发生的可能造成伤害、损失的事故、事件的规模及损失控制在人们可以接受的范围之内，求得尽可能高的安全保险程度。而这一点又不可能精确量化，使得人们对安全与否的衡量和制定有一定的不确定性和不一致性，安全与不安全的界限在某种程度上并不是泾渭分明，而是具有一定的模糊性，这是安全的脆弱性的来源之一。

随着经济社会的不断发展，人们对安全的要求和标准越来越高。以前所讲的安全通常是指不死、不伤和不损害劳动者的健康，而现在所讲的安全其标准和要求更高，不仅包括不死、不伤和不损害健康，而且要达到不会造成劳动者心理或精神威胁和伤害。这实际上就是对安全的要求更加苛刻了，对安全程度的把握也就更不容易了。

千百年来，广大劳动人民通过大量的生产实践，加深了对生产劳动的认识，同时也积累了许多关于防止天灾人祸的知识经验，并总结提炼出了很多精辟的格言警句，例如“居安思危，思则有备，有备无患”“安不忘危，存不忘亡，治不忘乱”“未雨绸缪”“防微杜渐”等。这些格言警句也反映了我国古代人民对于安全直观、朴素的认识——“安”和“危”之间并没有一个天然的鸿沟，相反，都有一定的转换性和突变性，这也从一个侧面说明了安全的脆弱性，因此必须小心谨慎、注重预防。

第二，是安全的条件。

一般而言，进行生产劳动，总会伴有相应的风险或危险。不同的历史发展时期，人们使用的劳动资料即生产工具不同，但都会具有安全方面的风险——无论是加工还是使用劳动资料，其中的区别只是风险危险的大小多少不同。

使用劳动资料进行劳动，生产出各种产品，为什么就会伴有一定的风险或危险？马克思指出：**“劳动资料是劳动者置于自己和劳动对象之间、用来把自己的活动传导到劳动对象上去的物或物的综合体。劳动者利用物的机械的、物理的和化学的属性，以便把这些物当作发挥力量的手段，依照自己的目的作用于其他的物。”**（《资本论》，第1卷，人民出版社，1975年版，第203页）他还指出：**“在劳动过程中，人的活动借助劳动资料使劳动对象发生预定的变化。”**（同上书，第205页）

从以上论述可以得知，劳动者在劳动时为了进一步增强和发挥力量，需要使用劳动资料以借助其机械的、物理的和化学的属性，但这些属性如果使用、控制不当就会发生意外，造成事故；另一方面，人劳动的目的是通过劳动资料使劳动对象发生预定的变化，但如果由于主客观的原因使生产条件或生产过程发生变化，致使劳动对象产生了预料之外的变化，这又可能出现意外，引起事故。所以，劳动者在按照自己的目的、使用劳动资料作用于劳动对象的过程中，始终伴有风险隐患；而且劳动资料越先进、越发达，则维护其正常、平稳运行的要求就越高，换句话说，就是其安全保障条件就越高，任何一项条件达不到都可能导致停止生产甚至引发事故，这也说明了安全生产的脆弱性。

1986年1月28日，美国挑战者号航天飞机在发射升空73秒钟后，发生爆炸，价值12亿美元的航天飞机炸成碎片，坠入大西洋，7名宇航员不幸遇难，造成了世界航天历史上最大的惨剧。对事故原因的调查分析表明，爆炸是一个O型封环失效所致，这个封环位于右侧固体火箭推进器的两个低层部件之间，失效的封环使炽热的气体点燃了外部燃料罐中的燃料。而O型封环失效的直接原因，就是发射时的自然气温很低。这一事故案例启示我们，越是高科技、现代化的设施和装备，其安全方面的保障条件就越严格，有时一个细微的漏洞就可能带来致命伤害和重大损失。

第三，是安全的阶段。

工伤事故和职业危害是工业革命的产物。18世纪末期，瓦特发明的蒸汽机在欧洲、美国、日本等地得到普遍应用，世界进入工业化时期，整个工业生产面貌和社会生活面貌都大为改观。机器首先在纺织行业应用，随后又迅速扩展到采矿、冶金和交通运输等其他领域，使生产力得到快速发展。大机器比手工工具复杂得多，其广泛应用导致了工人的伤亡事故和职业病日益增多，促使各工业化国家积极采取各种应对措施降低生产事故发生率，产业结构的高级化和现代化就是一项重要内容。

纵观英国、法国、德国、美国等西方发达国家的工业化发展历程，大致经过古典增长阶段即工业化早期、现代增长阶段即工业化后期两个时期。在第二个时期，随着经济增长方式由原先劳动和资本投入驱动型转变为管理和知识创新驱动型，经济社会发展的集约化程度和创新程度越来越高，相应地也使这些国家的产业结构经历了农业—工业—服务业的重大转变，服务业早已超过工业成为经济社会发展的主导产业。现在，美、日、德、英、法等发达国家中，农业部门在GDP中的比重仅为2%左右，制造业占20%，而服务业则占70%左右，这对于降低整个社会安全生产风险、控制和减少人员伤亡成效十分明显。

回顾国际上安全生产发展历程，安全生产状况同一个国家或地区的经济发展水平和产业结构情况紧密相连，从工业化角度大致可以分为四个阶段：一是工业化初级阶段，工业生产快速增长，生产安全事故多发；二是工业化中级阶段，生产安全事故达到高峰并逐步得到控制；三是工业化高级阶段，生产安全事故快速下降；四是后工业化时代，生产安全事故稳定在较低水平，事故死亡人数很少。

安全生产的这种阶段性特点，揭示了安全生产与经济社会发展水平之间的内在联系。当人均国内生产总值处于快速增长的特定区间时，生产安全事故发生的次数相应地也呈现较快上升趋势，并在一定时期之内处于高位波动状态，这一阶段就是生产安全事故的“易发期”。所谓“易发”，是指潜在的不安全因素较多，容易发生生产安全事故。请看报道：

### 国新办举行新闻发布会通报特别重大事故<br>争取用10至15年走出事故易发期

**新华社北京12月21日电（记者刘铮、周芙蓉）**　国家安全生产监督管理总局局长李毅中21日表示，我国目前正处于事故易发期，争取用10至15年时间走出事故易发期。

“我国目前正处在工业化加速发展期，也是事故易发期，每天事故死亡人数为320人左右。”李毅中在国务院新闻办公室举行的通报11起特别重大事故的新闻发布会上说。

李毅中指出，我国安全生产有许多深层次矛盾，如落后、粗放的经济增长方式还没有根本转变、生产力比较落后、安全生产基础比较脆弱等。同时，一些企业安全生产责任主体不到位，对社会责任不重视，甚至忽视。一些地方政府搞“上有政策、下有对策”，成了非法违法行为的保护伞。

“要解决影响安全生产的深层次的原因，非一日之功，需要有一个长期的、艰巨的甚至出现反复过程的思想准备。”李毅中说，根据专家研究，走出事故易发期，英国用了70年，美国用了60年，日本用了26年。

李毅中说，现在全党全社会对安全生产高度关注、高度重视，国家出台了一系列标本兼治、重在治本的政策，只要坚持不懈地努力，安全生产的形势肯定会好转。

“争取用10至15年的时间，走出事故易发期。”李毅中说。

**新华社2006年12月21日播发**

当前我国还处于工业化发展中期，第二产业的发展尤其是制造业的高速发展已经成为国民经济发展的火车头，我国已经成为世界制造业大国。改革开放以来，我国三次产业的比例发生了明显变化，见表7-1。

**表7-1 我国三产的比重**

| 年份 | 一产比重(%) | 二产比重(%) | 三产比重(%) |
| --- | --- | --- | --- |
| 1978年 | 27.9 | 47.9 | 24.2 |
| 1990年 | 26.9 | 41.3 | 31.8 |
| 2000年 | 14.8 | 45.9 | 39.3 |
| 2010年 | 10.2 | 46.8 | 43 |

从上表可以看出，30多年来，我国第二产业的比重一直在40%以上，同美、日、德、英、法等国相比，我国第二产业产值在GDP中所占比例高出20多个百分点，第三产业低20多个百分点。西方发达国家的历史经验表明，在工业化加快发展过程中，安全生产是一个必然遇到的重大问题。特别是在制造业高速发展时期，必然会带来生产过程中所产生的风险覆盖范围扩展、强度加大，这样就从事故发生概率和产生后果两个方面都增加了风险程度，从而导致事故数量增多和伤亡人数增加，这也是我国安全生产形势“总体稳定、趋于好转的发展趋势与依然严峻的现状并存”局面产生的深层次原因。

从宏观上讲，我国目前仍处于社会主义初级阶段，生产力水平比较低，发展很不平衡。与此相应，我国安全生产工作也处于初步发展时期，处于各类生产安全事故的易发期，影响和制约安全生产的历史性、深层次问题和新形势下出现的新情况、新问题互相交织，无论是局部范围的安全生产还是整个社会的安全形势，都呈现出明显的脆弱平衡特性，这也就决定了抓好安全生产的长期性、艰巨性、复杂性、反复性。

从微观上讲，机器生产过程中的风险危害因素种类多，数量多，要有效消除这些风险危害因素相当困难。

国家标准局 1986 年 5 月 31 日发布、于 1987 年 2 月 1 日起实施的《企业职工伤亡事故分类标准》，将伤亡事故分为 20 类。国家标准化管理委员会 2009 年 10 月 15 日发布、于当年 12 月 1 日起实施的《生产过程危险和有害因素分类与代码》，按照可能导致生产过程中危险和有害因素的性质进行分类，将危险和有害因素分为人的因素、物的因素、环境因素和管理因素四大类，共 90 种，而实际造成安全事故及灾难的比所列出的 90 多种还要多，这就充分说明了现代工业生产、机器生产的复杂性和风险性，充分说明了安全生产的脆弱性和反复性。相应地，就对现代工业生产、机器生产中的安全工作提出了非常严格的要求。

要实现安全生产，就必须从宏观和微观两个方面同时着手，不断改进和加强安全生产工作的各个方面、各个环节、各项流程，尽可能地减少和消除危险及有害因素对安全生产的影响，尽最大努力确保安全生产。

## 第三节　投入产出定律

工业生产也即大机器生产是一种“双重生产”、复合生产，它既生产某种具体、有形、可以用价格进行衡量的产品，也生产抽象、无形、难以用价格衡量的特殊产品——安全。要想收获必须首先耕耘，要想产出必须首先投入，要拥有安全这一特殊产品，同样需要投入。

谈到安全投入，人们首先容易想到加大资金、设备等投入，这当然是十分必要的，但还远远不是全部。安全生产是一项系统工程，它涉及人、财、物、环境等诸多因素，单纯改善其中的某一方面或几个方面并不能实现本质安全，而是要持续投入，从人、财、物、环境等所有方面系统地加以改进和提高，才能确保实现安全生产和安全发展。也就是说要得到安全，必须加大投入。而要谋求最佳投入产出比，还要坚持全面投入、系统改进。

对于安全生产，必须用联系的眼光来看待。无论是实现全国安全生产形势的整体好转，还是确保某个行业、企业乃至某个生产岗位的具体安全生产，都必须全面把握人、财、物、环境这些因素对安全的影响以及这些因素之间的相互联系和影响，多管齐下，全面加强，才可能取得预期的成效。

无论是农业生产还是工业生产，投入与产出都是紧密相连的，安全生产也是如此。一分耕耘、一分收获，一份付出、一份回报，这是普遍的真理，在安全生产上更是如此，这就是安全生产的投入产出定律。

安全与效益成正比，事故与效益成反比，这不仅是工业生产规律，同时也是一个基本的经济发展规律。据联合国统计，世界各国平均每年的事故损失约占国民生产总值的2.5%，预防事故和应急救援方面的投入约占3.5%，两者合计为6%。国际劳工组织编写的《职业卫生与安全百科全书》指出："可以认为，事故的总损失即是防护费用和善后费用的总和。在许多工业国家中，善后费用估计为国民生产总值的1%至3%。事故预防费用较难估计，但至少等于善后费用的两倍。"面对这种状况，国际劳工组织的官员惊呼：事故之多、损失之大，真使人触目惊心。从事故损失的严重性，也可以看出安全投入的重要性和必要性。

有安全投入，才会有安全产出，这还只是一个定性的结论。那么，在安全方面一分的投入会有几分的产出呢？显然还需要进行定量的研究，才能得出比较准确的答案。国家安全生产监督管理局在2003年进行的《安全生产与经济发展关系研究》课题，经过认真分析研究得出结论，20世纪80年代我国安全生产的投入产出比是1∶3.65，在90年代我国安全生产的投入产出比是1∶5.8。显然，在安全生产方面的投入绝不是所谓“包袱”或“无效成本”，而是有着巨大的产出和回报，有着显著的收益。

我们对安全生产应当用系统、联系、发展的眼光来看待，将它看成是一个由人、财、物、环境等多种因素相互交织、相互作用而共同形成的一个体系或是一个总体，那么在安全投入方面也应该这样来认识，从人、财、物、环境等各个方面加强投入，并积极探索各个方面的最佳匹配。只有这样，才能在条件有限、投入有限的情况下，努力争取最佳的投入产出效果。

坚持投入产出定律，必须坚持全面投入、持续投入、科学投入，以取得最佳安全成效。

进行安全投入，必须坚持全面投入，全面改进和提升。

安全生产投入产出定律中的“投入”，是一个内涵十分丰富的概念，不仅包括资金和设备、人员和技能、法律法规、监督和管理、安全科技等方面的直接投入，同时还包括提高社会公众安全素养等间接投入，必须完整无缺。即使是针对某一个具体的安全问题，在投入时也必须考虑到方方面面，做到全面投入，才可能达到预期目的。

2011 年 8 月 21 日，陕西省人民政府印发《关于切实加强道路交通安全工作的若干意见》，指出：“为认真贯彻落实国务院第 165 次常务会议和省政府第 14 次常务会议精神，牢牢抓住道路交通安全五大要素，即‘人、车、路、企、管’，实施全过程控制，不断强化基层基础工作，突出重点，严格执法，精细管理，标本兼治，有效预防和减少道路交通事故的发生，为全省经济社会又好又快发展创造顺畅有序、安全和谐的交通环境，现提出以下意见。”

《意见》明确提出了五个方面的要求，包括：

一、充分发挥驾驶人和广大交通参与者的主导作用；

二、切实加强对机动车辆的综合监管；

三、着力推进道路交通安全保障能力建设；

四、着力提升对运输企业的科学监管水平；

五、严格落实道路交通安全监管职责。

陕西省这一《决定》，较为全面地把握了对道路交通安全有着直接联系和影响的人、车、路、企、管五个重要因素，制定出相应措施并均衡投入，这对于提高道路交通安全水平将会起到积极促进作用。

进行安全投入，必须坚持持续投入，持续不断地改进和加强。

安全生产工作之所以艰巨、复杂，原因之一就在于安全状况随时随刻都在变动，昨天安全不等于今天安全，今天安全也不等于明天安全。在安全生产上，既没有一蹴而就，也没有一劳永逸。对安全生产的投入，无论是资金和设备，还是管理和培训，都是一个不断进行的过程，稍有放松，稍有停顿，就有可能产生隐患，酿成事故，必须事事谨慎，处处小心，时时注意。

进行安全投入，还必须坚持科学投入，协调发展。

抓好安全生产，既要治标，更要治本；既要速效成果，更要长效成果。因此，在进行安全投入时就必须把握影响安全生产的根本矛盾和内在因素，不能只重表面，不能平均用力，而要突出针对性和实效性，注重从根本上和源头上解决问题，也就是坚持科学投入，协调发展。

## 第四节　递进扩散定律

安全生产与事故是一对天然的矛盾，我们探索研究安全生产的规律，对于事故的发生、发展和变化也必须给予充分的重视。事故一旦发生，其危害和影响就会递进扩散，无论是微观层次还是宏观层次，也无论是有形范围还是无形范围，都是如此。深刻认识事故发生的递进扩散定律，就是要认清在现代社会，一旦发生安全事故，由于其特有的连锁性、扩散性、叠加性、延续性，使得事故造成的综合损失和社会影响就会不断增大，这也是以往安全事故所不可比拟的。正因如此，就对现代社会预防事故的发生和事故发生后的应急处置提出了更高的要求。

在现代社会，安全事故为什么具有递进、扩散和叠加效应呢？就在于生产的社会化和工厂企业及人口的集中化。一旦发生安全事故，如果处置不当，事故往往可能会被“放大”和“延伸”，展现出连锁性、扩散性、叠加性和延续性等特征，产生衍生灾害、次生灾害。与此同时，现代化的通讯传播手段，以及各种媒体的激烈竞争，又会将发生在局部地区的安全事故迅速传向全省、全国甚至全世界，其影响绝不是局部的。这样，安全事故在发生后的特定阶段，无论是事故损失还是社会影响，一般而言总会不断地增大和扩散。

城市在人类文明发展中具有十分重要的作用和地位，它是人类文明的摇篮和人类生活的最高组织形式，是生产力发展的必然结果。

1984 年 10 月，党的十二届三中全会通过的《中共中央关于经济体制改革的决定》指出：“城市是我国经济、政治、科学技术、文化教育的中心，是现代工业和工人阶级集中的地方，在社会主义现代化建设中起着主导作用。”

2011 年 11 月 26 日，国务院印发《关于坚持科学发展安全发展促进安全生产形势持续稳定好转的意见》明确指出：“我国正处于工业化、城镇化快速发展进程中，处于生产安全事故易发多发的高峰期，安全基础仍然比较薄弱。”这段话，深刻说明了城镇化同生产安全事故之间的关系。

城市成为我国经济、政治、科学技术、文化教育的中心，成为现代工业和工人阶级集中的地方，同安全事故所具有的递进、扩散和叠加效应有什么关系呢？

马克思、恩格斯指出：**“资产阶级使乡村屈服于城市的统治。它创立了巨大的城市，使城市人口比农村人口大大增加起来，因而使很大一部分居民脱离了乡村生活的愚昧状态……资产阶级日甚一日地消灭生产资料、财产和人口的分散状态。它使人口密集起来，使生产资料集中起来，使财产聚集在少数人的手里。由此产生的后果就是**

**政治的集中。"**(《共产党宣言》,人民出版社,1992年版,第30页)

马克思和恩格斯的这一论述,深刻揭示了城市最突出、最重要的特点——消灭分散、实现集中,包括人口集中、社会财富集中,生产资料集中、生产活动集中,使城市不仅是政治中心,而且成为商贸中心、交通中心、金融中心、科技中心、文化中心、信息中心、消费中心;正因如此,也使城市成为各种风险隐患和安全事故集中的地区,进而成为人员受到事故伤害和财富受到损失的中心。

与此同时,在当今社会,城市还是传媒竞争的中心。无论人为事故还是自然灾害,都是媒体关注和报道的重点,同时也是社会公众十分关心的事情。一旦发生事故灾害,经过媒体的报道,其影响又将会无限放大,远远超出区域范围。

城市化的加速推进,使城市规模越来越大、城市数量越来越多、城市功能越来越全、城市结构越来越繁杂、城市地位越来越重要,加之城市中的工厂企业越来越多,使城市在预防和处置人为事故和自然灾害方面责任越来越大、要求越来越高。一方面,由于城市人口密集和生产活动密集,发生安全事故如果不能及时有效控制,将会造成更大的人员伤害和财物损失;另一方面,城市系统之间的相互依赖性不断增大,某一个系统发生故障乃至发生事故,如果不能及时排除和恢复,很有可能会影响其他系统的正常运行,引发多米诺骨牌效应,殃及整座城市。这就是城市化同安全事故的易发多发以及安全事故的损失及影响的递进扩散之间的内在联系,无数的事故案例都深刻说明了这一基本定律。请看以下两个案例:

**案例1**

1984年11月19日,墨西哥城液化石油气站发生大爆炸,造成650人死亡,7000多人受伤,35万人无家可归。

墨西哥城有13万家工厂,占全国的50%以上。它所在的墨西哥谷地一带共有75家石油和石油气仓库,出事地点附近还设有6家煤气厂,储存了10多万桶液化石油气。当天,一辆液化石油气槽车在充气过程中发生爆炸，引爆了周围多处储油库和储气库，发生了剧烈的连锁爆炸，高达200多米的火焰冲天而起，酿成惨祸。墨西哥石油公司不得不下令关闭阀门，切断从全国各地向首都运送石油和煤气的所有管道，才控制了灾情的扩展。这次事故警示我们，就是在人口稠密的大城市不宜集中配置过多的工业设施，特别是不应设立具有爆炸性危害的企业。

墨西哥官方和舆论界还指出，像墨西哥城那样的现代化的城市，尤其作为首都，居住人口不应过于稠密。本来，墨西哥城以其古朴美丽和发展迅速而成为举世瞩目的超级大城市，后来加上推行工业化计划后促进了经济繁荣，集中了全国人口的22%以上，达到1700多万。它的人口膨胀一方面是由于3.1%的年自然增长率，另一方面由于农村人口盲目流入城市。人口臃肿造成就业困难，交通拥挤，一旦发生类似的天灾人祸，就会因回旋余地太小而造成惨重损失。这次爆炸事件发生之后，当局费了九牛二虎之力，才疏散了120万人。

从这一事故中可以看出，事故的损失和影响是按照“一辆液化气罐车→周围多处储油库和气库→液化石油气站→墨西哥城全城→全国各地”的顺序一步步递进和扩散的。当初一辆槽车的安全没有管控住，最终导致事态扩大无法控制，形成了影响全国的重大事故。

**案例2**

1994年6月16日，广东省珠海市前山裕新织染厂发生特大火灾和厂房倒塌事故。

6月16日下午，珠海市天安消防工程安装公司6名工人在前山裕新织染厂A厂房一楼棉仓安装消防自动喷淋系统，使用冲击钻钻孔装角码。16时30分，在移动钻孔位置用手拉夹在棉堆缝中的电源线时，造成电线短路，棉堆缝突然冒烟起火，在场的工人不会使用灭火器，致使火势迅速蔓延。在二至六楼上班的织染厂工人，见到有烟上楼，即自动跑出厂房。

16时45分，拱北消防中队接报后，立即出动消防车4台，消防队员16名，10分钟后赶到火场灭火。市消防局先后调集4个消防中队24台消防车参加灭火。16日19时至17日凌晨1时，省消防局又先后调集了中山、佛山、广州市的消防支队28台消防车、222名消防人员到场灭火。

由于棉花燃烧速度快，风大火猛，厂区无消防栓，消防车要到3公里以外取水，给扑救工作增加了很大困难。经过奋勇扑救，到17日凌晨3时大火基本扑灭，灭火过程中没有一人伤亡。3时30分以后，中山、佛山、广州市消防支队相继撤离，珠海市留下一个中队40多人和4台消防车继续扑灭余火。

由于紧扎的棉包在明火扑灭后仍在阴燃，为有效地消灭火种，火场指挥部调来8台挖掘机和推土机进入厂房将阴燃的棉包铲出。8时左右，应火场指挥员的要求，厂方先后两次共派出50多名工人到三楼协助消防人员清理火种。

17日13时左右，厂方未经火场指挥员批准，自行组织约400人进入火场清理搬运残存的棉包。14时10分，A厂房西半部突然发生倒塌，造成大量人员伤亡。这次倒塌事故，死亡93人，受伤住院156人，其中重伤48人，毁坏厂房18135平方米及原材料、设备等，直接经济损失9515万元。

厂房倒塌后，珠海市立即成立了现场抢救指挥部，动员公安、武警、驻军及有关部门16000多人和大批车辆、机械参加抢救工作，先后抢救出6位工人。为消除隐患，20日17时许，用定向爆破法将东半部危楼炸毁。

从这一案例中可以看出，事故及损失可以分为前后两个阶段：从6月16日16时30分起火到6月17日凌晨3时大火扑灭，没有一人伤亡；而在6月17日13时到14时10分，厂方未经火场指挥员批准，自行组织400人进入火场进行清理工作，因A厂房西半部发生倒塌，致使93人死亡，156人受伤。由于现场处置不当，导致伤亡人员从 0 急剧上升到 249 人，事故损失的扩大在短时间内达到了十分惊人的程度，给我们留下了沉痛的教训。

随着城市面积增大和规模扩张，城市交通、通讯、供水、供气、供电、供热等“城市生命线”所担负的职责也日益重大，无论是对于工业生产、商贸往来还是人民群众的日常生活，都时刻不能停顿。然而，我国的城市生命线系统普遍存在脆弱现象，抵御自然灾害和意外突发事件能力不强，这也成为我国经济社会持续发展的一个重大隐患。2008 年 1 月，我国南方地区普降冻雨，江西省南昌市因冻雨使市区停电 3 小时，火车因铁轨冻冰无法行驶；湖南省因冻雨导致路面结冰，南北交通大动脉京珠高速公路湖南段出现交通堵塞；湖南省郴州市的电塔、电缆大多被冻雨压塌、压断，导致郴州市在寒冬季节停电停水 8 天。

同时，城市生命线系统还有关联性强和影响面广的特点，断水、断电、断气等事故一旦发生，其影响远远超出水厂、电厂、供气站的局部范围，大的可能会影响所在城市甚至城市周边地区。

1993 年 3 月 10 日，浙江省宁波市北仑港发电厂一号机组发生特大锅炉锅膛爆炸事故，造成 23 人死亡、8 人重伤、16 人轻伤，直接经济损失 778 万元。然而，更大的影响接踵而来——这套机组停运修复用了 132 天，少发电近 14 亿度，造成当地供电紧张，致使这一期间宁波地区的工业停三开四，杭州地区停二开五，浙江省的工农业生产都受到影响，造成了一定的间接损失。

发电机组的一个锅炉爆炸，居然在 132 天时间内影响了宁波、杭州两地的工业用电，进而影响一省的工农业生产，可见安全事故递进扩散的严重性和波及面有多大。

正是由于安全事故的递进扩散性，提醒人们对待安全生产工作必须慎之又慎，不能因为事故的扩大而造成人员的更大伤亡。特别是当今社会以人为本，人的生命是最宝贵的，我国是社会主义国家，我们的发展坚决不能以牺牲广大人民群众的生命安全和身体健康为代价。

正是由于安全事故的递进扩散性，提醒人们对待安全生产工作必须正确认识事故所造成的损失，包括直接经济损失和间接经济损失。美国安全工程师海因里希经过研究分析认为，安全事故的直接经济损失与间接经济损失的比例为1∶4，就是说事故的总经济损失是直接经济损失的5倍。这一结论至今仍然被国际劳工组织所采用，作为估算各国伤亡事故经济损失的依据。

正是由于安全事故的递进扩散性，提醒人们对待安全生产工作必须注重预防。我们为了生存和发展，必须进行生产劳动和工作，而工作就会有风险；要控制和消除风险，就必须将预防放在首位，经过加强对人、机、环境的管理，从源头上消除有可能导致事故的风险隐患，尽最大努力保障安全生产。

任何事物的发展变化都有其规律，安全生产工作也不例外。无论是国家安全生产形势，还是企业安全生产状况，要把握主动，实现预期安全生产工作奋斗目标，最根本的就是遵循安全生产发展规律，按照客观规律办事，除此之外别无他途。古今中外无数事故案例都说明，违背安全生产工作规律，一定会发生事故，一定会受到惩罚，这是用无数生命换来的深刻教训，任何时候都不能忘记。

# 第八章　四个人人——安全生产人本论

进入新世纪，以人为本的理念得到整个社会的认同和欢迎，这也成为抓好安全生产工作的根本指导思想。抓安全生产，既要依靠广大人民群众，更是为了广大人民群众，这就是以人为本抓安全的深刻内涵。

实际上，以人为本的人文精神在我国源远流长，博大精深，具有十分丰富的内涵。

孔子是儒家学说的创始人，特别强调“仁”和“礼”。他说：“仁者‘爱人’。”(《论语·颜渊第十二》)“己所不欲，勿施于人。”(《论语·卫灵公第十五》)“己欲立而立人，己欲达而达人。”(《论语·雍也第六》)他说：“民无信不立。”(《论语·颜渊第十二》)就是说，老百姓不信任政府，政府就站立不起来。在《孔子家语·五仪》中说：“夫君者舟也，庶人者水也。水所以载舟，水所以覆舟。”孔子的弟子曾参在《大学》中，讲修身、齐家、治国、平天下，怎么才能平天下呢？要以殷朝为鉴，“民之所好，好之；民之所恶，恶之。”“得众则得国，失众则失国。”(《四书·大学十一》)就是说“得民心者得天下，失民心者失天下”。这是历代王朝盛衰兴亡的规律。

孟子是孔子学说的继承者，他倡导“仁政”，提出“民贵君轻”之说。他说商汤王因为行仁政，故“民之望之，若大旱之望雨也”。周文王行仁政，故百姓“箪食壶浆”，以迎文王。(《孟子·滕文公下》)他还在《孟子·离娄上》中提到：“桀纣之失天下也，失其民也；失其民者，失其心也。得天下有道：得其民，斯得天下矣；得其民有道：得其心，斯得民矣。”孟子提倡的“仁政”在诸多古代著作中均有体现，比如，《孟子·公孙丑下》中说：“天时不如地利，地利不如人和。”“得道者多助，失道者寡助。”《孟子·梁惠王下》中说：“乐民之乐者，民亦乐其乐；忧民之忧者，民亦忧其忧。乐以天下，忧以天下，然而不王者，未之有也。”孟子主张“民贵君轻”的古代民主思想，在《孟子·尽心下》中提到：“民为贵，社稷次之，君为轻。”《孟子·滕文公上》中提到“民事不可缓也”“民之为道也，有恒产者有恒心，无恒产者无恒心”，大意就是老百姓的事刻不容缓，要使老百姓有一定的物质生活条件，才能使他们安心地生活下来。

战国后期杰出的思想家荀子在《天论》中说：“天行有常，不为尧存，不为桀亡。”说天地是按自然规律运行变化，不以个人的好坏而改变。他在《荀子·王制》中说：“水火有气而无生，草木有生而无知，禽兽有知而无义；人有气、有生、有知亦且有义，故最为天下贵也。”意思即人是万物中最宝贵的。他认为天地人三才，人居于核心地位，能支配万物，治理万物。《荀子·天论》中说：“天有其时，地有其财，人有其治，夫是之谓能参。”《荀子·王制》中说：“传曰：君者，舟也；庶人者，水也。水则载舟，水则覆舟。”“传”，是古代文籍的通称。这与《孔子家语·五仪》中讲的这一宝贵思想文化是相同的。

以人为本的中华传统文化思想一直延绵不断。唐太宗贞观之治是太平盛世。他认为“为君之道，必须先存百姓”，屡次引用“水能载舟，也能覆舟”来警诫大臣和太子。《贞观政要》载有“治天下者，以人为本”。唐代的陆贽讲“人者，邦之本也”“以人为本，本固则邦宁”。(《陆宣公奏议》)唐代杜牧在《阿房宫赋》中说：“灭六国者，六国也，非秦也。族秦者，秦也，非天下也。嗟呼！使六国各爱其人，则足以拒秦。使秦国复爱六国之人，则递三世可至万世而为君，谁得而族灭也？秦人不暇自哀而后人哀之；后人哀之而不鉴之，亦使后人而复哀后人也。”就是讲人心向背、失民心者失天下的教训，让后人鉴之。

孔子、孟子、荀子等以上关于人的论述，是我国传统文化中的珍贵财富，对我们今天坚持以人为本具有很大的启发和参考意义。坚持以人为本抓安全，就要做到“安全生产人人有责、人人有权、人人有为、人人有利”，这是在安全生产工作中以人为本的具体体现。

**——安全生产人人有责。**抓好安全生产工作，在企业范围内是全体职工的共同责任，在国家范围内是全体公民的共同责任，每个人都有一份职责和义务。只有人人尽职尽责、尽心尽力，才能实现安全生产。

**——安全生产人人有权。**在企业中，按照《安全生产法》第五十条、五十一条的规定，生产经营单位的从业人员有权对本单位的安全生产工作提出建议，有权对安全生产工作中存在的问题提出批评、检举、控告，有权拒绝违章指挥和强令冒险作业。在社会当中，社会公众同样有权。国务院在2011年11月26日发布的《关于坚持科学发展安全发展　促进安全生产形势持续稳定好转的意见》指出：“发挥社会公众的参与监督作用。完善隐患、事故举报奖励制度，加强社会监督、舆论监督和群众监督。”《安全生产法》第三条规定，建立生产经营单位负责、职工参与、政府监管、行业自律和社会监督的机制。

**——安全生产人人有为。**在抓好安全生产、推动安全发展上，每个人都可以有所作为，有所贡献。安全生产工作是一项系统工程，所涉及的环节、因素和领域包括方方面面，牵涉各行各业，关联千家万户，离不开各地区、各部门、各行业、各单位和每个人的重视和支持；只要有意愿，只要有行为，每个人都能为促进安全生产作出自己的贡献。

**——安全生产人人有利。**安全生产是一项利国利民、利人利己的事业，它具有“一荣俱荣、一损俱损”的明显特点，抓得好，人人受益；出了事，人人受损。面对安全生产，只有齐心协力、同舟共济，最终实现安全生产无事故，才能保障每个人的利益。

以往我们在讲安全时总是说“安全生产人人有责”，这当然是正确的，但还远远不够，提四个“人人”就全面了。安全生产这四个“人人"中的前三个，即人人有责、人人有权、人人有为，说明了抓好安全生产必须依靠人；第四个"人人"即人人有利，说明了抓好安全生产就是为了人，这两个方面共同构成了以人为本抓安全的深刻内涵。做到四个"人人"，以人为本抓安全就能落到实处。

## 第一节　安全生产人人有责

抓好安全生产、促进安全发展，是企业每一名职工的责任，同时也是国家每一位公民的责任，这在我国相关法律当中均有明确规定。

《宪法》第五十四条明确规定："中华人民共和国公民有维护祖国的安全、荣誉和利益的义务，不得有危害祖国的安全、荣誉和利益的行为。"

《劳动法》第五十六条规定："劳动者在劳动过程中必须严格遵守安全操作规程。"

《安全生产法》第五十四条规定："从业人员在作业过程中，应当严格遵守本单位的安全生产规章制度和操作规程，服从管理，正确佩戴和使用劳动防护用品。"第五十六条规定："从业人员发现事故隐患或者其他不安全因素，应当立即向现场安全生产管理人员或者本单位负责人报告。"

工厂企业发生生产安全事故，会造成物质财富损失和人员伤亡，将直接影响企业的发展和企业职工的利益；如果发生重特大事故，还将影响中国在国际上的形象和荣誉，影响国家的利益。因此，企业职工无论是否在安全管理岗位上工作，都有责任和义务为企业的安全生产尽职尽责；国家公民无论是否在工厂企业工作，同样有责任和义务为国家的安全发展作出贡献。

要使企业职工人人为企业安全生产负责、使公民人人为国家安全发展负责，首要前提就是转变思想观念，树立"四个没有"的理念，即没有与安全生产无关的人、没有与安全生产无关的事、没有与安全生产无关的部门和单位、没有与安全生产无关的工作和岗位，将“安全生产，人人有责”落到实处。

1986年12月23日，时任上海市市长的江泽民同志在上海市安全生产工作会议上指出：“要改变那种认为安全只是安全部门的事的观念。在一个企业里，安全生产工作在厂长的领导下，各职能部门在各自的业务范围内都有安全生产的责任……安全工作的好坏，是一个系统、一个企业各项工作的综合反映，安全工作不渗透到各个部门、各个环节，不和各个部门的具体业务结合起来是不行的。”

1996年1月26日，中共中央政治局委员、国务院副总理吴邦国在全国安全生产工作电视电话会议上指出：“努力创造良好的安全生产环境，是每一个公民义不容辞的责任。”

1997年5月11日，吴邦国在全国安全生产工作紧急电视电话会议上指出：“要加大安全生产的宣传力度，采取多种形式，广泛宣传安全生产工作的重要性，提高全民的安全生产意识，营造‘人人重视安全、事事注意安全’的良好氛围，进一步促进安全生产。”

安全生产，人人有责，也是我国道德建设所要求的。

2001年9月20日，中共中央印发《公民道德建设实施纲要》，指出：“从我国历史和现实的因素出发，社会主义道德建设要坚持以为人民服务为核心，以爱祖国、爱人民、爱劳动、爱科学、爱社会主义为基本要求。”这同人人尽责抓好安全是分不开的。

为人民服务作为公民道德建设的核心，是社会主义道德区别和优越于其他社会形态道德的显著标志，这既是共产主义道德的集中体现，同时也是每个公民最基本的行为规范。而要为人民服务，就必须抓好安全生产。

为人民服务，就应当热爱人民、关心人民、爱护人民，同人民站在一起，一切向人民负责，努力维护人们的利益。而所有这些，如果离开安全，全都不可能。只有人人尽责抓好安全生产，才能保障广大人民群众的生命安全和身体健康，才能维护人民群众的财富和利益，这是不言而喻的。

爱祖国、爱人民、爱劳动、爱科学、爱社会主义作为公民道德建设的基本要求，是每个公民都应当承担的法律义务和道德责任，这也是我国《宪法》第二十四条所规定的。要做到这“五爱”，同样要求人人尽责抓好安全生产。

——爱祖国，就要珍惜和爱护国家的劳动资料和劳动对象，努力发展社会生产力，生产更多产品，创造更多财富，这就离不开安全生产。

——爱人民，就要维护人民群众的生命安全和身体健康，尽力促进每一个人的全面发展，离不开安全生产。

——爱劳动，当然要保证生产劳动安全、有序地进行，否则就不是热爱劳动，而是阻碍和破坏劳动。

——爱科学，一方面要尽力创造更多的财富和更好的条件，以支持科学事业的发展；另一方面在科学研究及试验中也要注意安全，使科研工作顺利进行，否则可能导致重大损失。

——爱社会主义，就要为增强社会主义中国的综合国力而奋斗，就要为维护中国在国际上的良好形象而奋斗，要求我们每个人在自己的工作岗位上安全生产，勤奋工作。

1986 年世界科技十大新闻中，就有三条同安全事故有关：一是 1986 年 1 月 28 日，美国“挑战者号”航天飞机发射升空 73 秒后发生爆炸；二是当年 4 月 26 日，苏联切尔诺贝利核电站发生重大事故；三是当年 11 月 1 日，瑞士桑多化工厂发生火灾，30 多吨化学药剂流入莱茵河，造成严重污染。

2015 年 5 月 23 日，1994 年诺贝尔经济学奖获得者、美国数学家约翰·纳什在因车祸去世。这都是人类在科学领域的重大损失。

安全生产是一项利国利民、利人利己的崇高事业。从根本上讲，抓好安全生产工作就是在维护和保障我们每个人的利益。安全生产具有“一荣俱荣、一损俱损”的特点，无论是作为生产企业的一员，还是作为社会公众的一员，很多时候一旦发生事故，往往影响广泛，事故现场周边一定范围内的人通常也会受到无辜牵连。

——1994 年 6 月 23 日，天津市铝材厂盐浴炉爆炸，死亡 10 人，伤 65 人，直接经济损失 934 万元，厂房成为一片废墟。两年间生产无法恢复，到期债务无力偿还，于 1996 年 9 月 18 日宣告破产。

——2004 年 2 月 15 日至 16 日，重庆市江北区天原化工总厂氯气发生泄漏和爆炸，大量氯气向四周扩散。为保障周围群众安全，重庆市政府立即疏散天原化工总厂周围一公里范围内的 15 万群众。由于化工厂出事，15 万群众受到牵连。

——2008 年 11 月 12 日凌晨，京珠高速公路莱阳段浓雾弥漫，能见度很低。7 时许，一辆大货车侧翻，横卧在公路当中，之后几分钟时间内，有 30 多辆车相继发生碰撞，导致京珠高速公路由南向北箭筒瘫痪，经过紧急处置，到中午 12 时许交通才恢复畅通。由于车祸，高速公路上无数辆车种的人们受到牵连。

以上几个事例说明了安全事故具有明显的扩展性和延伸性。一旦发生事故，不仅事故现场会出现人员伤亡，其他无辜者也有可能遭受牵连，无端受害。要消除这一现象，我们每一个人都必须行动起来，尽自己一份职责，为促进安全生产作出一点贡献。

## 第二节　安全生产人人有权

要使每个人对安全生产尽一份职责，就必须赋予他相应的权利。我国《宪法》和其他相关法律明文规定了公民在安全生产工作中的权利，为我们在各自工作岗位上促进安全生产提供了法律依据。

《宪法》第十二条规定："社会主义的公共财产神圣不可侵犯。国家保护社会主义的公共财产。禁止任何组织或者个人用任何手段侵占或者破坏国家的和集体的财产。"

《安全生产法》第六条规定："生产经营单位的从业人员有依法获

得安全生产保障的权利，并应当依法履行安全生产方面的义务。”第七条规定：“生产经营单位的工会依法组织职工参加本单位安全生产工作的民主管理和民主监督，维护职工在安全生产方面的合法权益。”《安全生产法》第三章专门规定了从业人员的安全生产权利义务，其中第五十条至第五十三条规定了生产经营单位的从业人员在安全生产工作中的相关权利。

《劳动法》第三条规定：“劳动者有休息的权利、获得劳动安全卫生保护的权利。”第五十六条规定：“劳动者对用人单位管理人员违章指挥、强令冒险作业，有权拒绝执行；对危害生命安全和身体健康的行为，有权提出批评、检举和控告。”

《消防法》第四十一条规定：“机关、团体、企业、事业等单位以及村民委员会、居民委员会根据需要，建立志愿消防队等多种形式的消防组织，开展群众性自防自救工作。”

从《宪法》《安全生产法》《劳动法》《消防法》的法律条文中可以看出，无论是社会公民还是企业职工，都有权促进安全生产、做好安全工作，以保护国家的公共财产。

除了法律规定，我国安全生产体制也始终突出“群众监督”这一要求，鼓励广大群众积极参与安全生产监督工作。

1952 年 12 月，劳动部召开第二次全国劳动保护工作会议，劳动部部长李立三提出“安全与生产是统一的，也必须统一，管生产的要管安全，安全与生产要同时搞好”。会议确定：“要从思想上、设备上和组织上加强劳动保护工作，达到劳动保护工作的计划化、制度化、群众化和纪律化。”

改革开放以来到 1992 年，我国确立了“国家监察、行政管理、群众监督”的安全生产体制。

1985 年 1 月，经国务院批准，成立全国安全生产委员会，办公室设在劳动人事部。1985 年 1 月 3 日，全国安全生产委员会成立并召开第一次会议，国务委员、全国安全生产委员会主任张劲夫在会上指出："认真实行和逐步完善国家监察（劳动部门）、行政管理（经济主管部门）和群众监督（工会组织）相结合的制度。"

从1993年到2003年，我国实行"企业负责、行业管理、国家监察、群众监督、劳动者遵章守纪"的安全生产工作体制。

1993年7月12日，国务院印发《关于加强安全生产工作的通知》，指出："在发展社会主义市场经济过程中，各有关部门和单位要强化搞好安全生产职责，实行企业负责、行业管理、国家监察和群众监督的安全生产管理体制。"《通知》同时规定："国务院确定，劳动部负责综合管理全国安全生产工作，对安全生产行使国家监察职权；负责安全生产工作法规、政策的研究制定；组织指导各地区，各有关部门对事故隐患进行评估和整改；代表国务院对特大事故调查结果进行批复，根据需要对特大事故进行调查。安全生产中的重大问题由劳动部请示国务院决定。"

1996年1月22日，中共中央政治局委员、国务院副总理吴邦国在全国安全生产工作电视电话会议上指出："确立了安全生产工作体制。'企业负责、行业管理、国家监察、群众监督、劳动者遵章守纪'的体制得到完善，加重了企业安全生产的责任，对劳动者遵章守纪提出了具体的要求。"

1996年12月26日，吴邦国在全国安全生产工作电视电话会议上再次指出："1993年以来，为适应社会主义市场经济的要求，我们将'国家监察、行政管理、群众监督'的体制，发展为'企业负责、行业管理、国家监察、群众监督'。之后，又考虑到许多事故是由于劳动者违章造成的，又加上了'劳动者遵章守纪'。实践证明，它更加符合安全生产的办法。"

从2004年至今，我国实行"政府统一领导、部门依法监管、企业全面负责、群众参与监督、全社会广泛支持"的安全生产工作体制。

2004年1月9日，国务院印发《关于进一步加强安全生产工作的决定》，指出："构建全社会齐抓共管的安全生产工作格局……强化社会监督、群众监督和新闻媒体监督，丰富全国‘安全生产月’、‘安全生产万里行’等活动内容，努力构建‘政府统一领导、部门依法监管、企业全面负责、群众参与监督、全社会广泛支持’的安全生产工作格局。”

2011 年 11 月 26 日，国务院印发《关于坚持科学发展安全发展促进安全生产形势持续稳定好转的意见》重申坚持这一体制，指出：“各地区要进一步健全完善政府统一领导、部门依法监管、企业全面负责、群众参与监督、全社会广泛支持的安全生产工作格局，形成各方面齐抓共管的合力。”

从我国安全生产工作体制的演变可以看出，国家始终强调要发挥大人民群众的监督作用。人民群众是国家的主人、社会的主人、国有企业的主人，在安全生产工作中发挥他们的主人作用是理所应当的。

1980 年 8 月 25 日，国务院印发《关于严肃处理“渤海 2 号”翻沉事故的决定》，明确指出：“各级劳动部门和各企业都要大力发挥职工代表大会、工会、保卫机构、纪律检查委员会等组织对安全生产的监督作用。对工人、技术人员和专家关于安全情况、安全措施的建议和批评，必须认真对待。”

在抓好安全生产工作中，每个人都有相应的权力，这一点毋庸置疑。无论是国家法律、安全生产工作体制，还是国务院文件，都有明确规定。但要让社会公众特别是企业职工勇于行使这些权力，还要花很大功夫。

2005 年 8 月 25 日，李铁映副委员长在第十届全国人民代表大会常务委员会第十七次会议上作关于检查《安全生产法》实施情况的报告，指出：“目前全社会安全生产的法制意识不强，不安全生产不认为是违法，不依法监管不认为是违法，对违法者惩处不力也不认为是违法……一些企业负责人没有把维护职工生命安全放在第一位，受利益驱动突击蛮干，强迫职工超强度劳动，甚至进行奴役性生产。不少职工也缺乏安全生产知识和自我保护意识，不能运用法律手段保障自己的合法权益。”

拥有权力是一回事，行使权力实则是另一回事，这两者之间不能划等号。特别是生产经营单位的从业人员，拥有权力但却不敢行使权力是一种普遍现象。请看报道：

## 全总针对连续发生煤矿特别重大责任事故下发紧急通知<br>重申煤炭行业职工行使安全生产“十项权利”

**本报北京4月2日电(记者郑莉、于宛尼)**　三个月内，湖南、内蒙古、山西、河南等地煤矿接连发生特别重大责任事故，既暴露出管理方面的问题，也凸显了职工安全生产权利不能有效落实。中华全国总工会今天下发《关于对煤炭行业职工安全生产十项权利落实情况进行检查的紧急通知》，要求各级工会严格落实煤矿企业职工安全生产“十项权利”，发动组织职工深入开展安全隐患排查治理活动，坚决遏制重特大事故发生。

据了解，为切实发挥煤矿企业职工对安全生产的监督作用，进一步保证煤矿安全生产，原煤炭部、中华全国总工会于1996年联合下发了《关于落实煤矿工人行使安全生产权利的通知》，首次明确煤矿工人安全生产的“十项权利”。2006年，国家安全生产监督管理总局、中华全国总工会等七部门又联合下发《关于加强国有重点煤矿安全基础管理的指导意见》，进一步赋予了煤矿井下职工“十项权利”。

煤矿企业职工安全生产“十项权利”包括，带班人员不下井，工人有权不下井；带班人员早出井，工人有权早出井；安全隐患不排查，工人有权不作业；管理人员违章指挥，工人有权不执行；没有安全措施，工人有权不开工；不组织班前安全学习，工人有权不下井；未进行“三位一体”(班长、安全检查员、瓦斯检查员)安全检查，工人有权不开工；检测监控系统安装不到位，运行不正常，工人有权不开工；不配全合格的劳动保护、防护用品，工人有权不下井；避灾路线不标识，工人有权不下井。煤矿不得因上述原因扣发职工工资、辞退职工。

今天，全总紧急下发通知，针对日前连续发生的煤矿特别重大责任事故，暴露出职工安全生产权利不能有效落实的情况，要求各级工会把落实煤矿企业职工安全生产“十项权利”当作维护职工生命安全和健康的头等大事，认真开展煤矿企业的劳动保护监督检查工作，监督“十项权利”的落实；针对“十项权利”不落实或落实不到位的煤矿企业，工会要把有关情况提交政府有关部门，制定相应的政策，切实推动解决。

通知还要求，各级工会组织加强煤矿企业职工“十项权利”的宣传教育工作，通过各种形式、方法，加大宣传力度。同时，各级工会组织要广泛发动职工群众深入开展隐患排查治理工作，特别是将在煤矿企业中普遍开展一次隐患排查治理活动，对重大隐患进行排查和监督整改。在隐患排查治理工作中，工会要认真研究分析煤矿企业职工“十项权利”落实过程中存在的问题，与有关部门密切协作推动落实煤矿企业职工“十项权利”；煤矿职工因行使安全生产权利而影响工作时，监督企业行政不得扣发其工资和给予处分。

**原载 2010 年 4 月 3 日《工人日报》**

要解决生产经营单位从业人员在安全生产上“有权而不敢用”的问题，就要真正消除不利于职工行使权力的种种阻碍，单纯靠加强职工的思想政治教育是无法解决的，而必须加强政府安监部门的日常监管监察，加大对非法违法生产的惩处力度，充分发挥工会等部门的作用，才能充分调动广大职工行使权力的积极性。

## 第三节　安全生产人人有为

安全生产和安全发展既关系到我国改革发展和社会稳定大局，同时也直接关系到广大人民群众的生命安全、身体健康和财产完好与否，关系到我们每个人的切身利益。要做好安全生产工作，离不开社会各方面齐抓共管，离不开每个人尽职尽责、有所作为。

企业职工是创造社会财富的主力军，同时也是各种风险隐患的直接面对者，对安全生产具有最强烈的愿望，也作出了最大的贡献，是我国安全生产和安全发展的引领者和推动者。

1992 年，马鞍山钢铁公司在职工中广泛开展“三不伤害”活动，即自己不伤害自己、自己不伤害别人、自己不被别人伤害，有力地推动了安全生产工作。

河南省中平能化集团七星公司白国周，探索和总结出了“六个三”管理方法，即三勤、三细、三到位、三不少、三必谈、三提高，在促进安全生产方面取得良好成效。2009 年 10 月 27 日，国家安全生产监督管理总局、全国总工会等五部门联合印发《关于学习推广“白国周班组管理法” 进一步加强煤矿班组建设的通知》。2010 年 8 月 16 日，国家安全生产监督管理总局印发《关于学习推广“白国周班组管理法” 切实加强非煤矿山班组安全管理的通知》。

作为一名党务工作者，笔者在担任石油企业一个基层油气生产单位党总支副书记期间，潜心学习研究安全生产管理方法，从 2010 年起探索实施了“简氏安全塑造法”，主要内容包括：树立安全信仰、强化安全动力，培育安全道德、强化安全自律，宣扬科学理念、深化安全思想，营造安全氛围、固化安全习惯。就是从人的思想、道德、价值观、习惯养成入手，通过对干部职工全面塑造安全信仰、安全道德、安全理念、安全习惯，创造性地探索出了一条依靠人、塑造人、成就人、发展人的安全生产管理新路子。（详见《塔里木东河作业区：理念塑造安全》，载于 2012 年第 2 期《中国安全生产》杂志）

企业职工直接面对各种风险隐患，在安全生产中负有重大责任，在这方面作出贡献是理所应当的；那么，不在工厂企业的人员就不能在安全生产和安全发展上有所作为、有所贡献了吗？不是的，只要愿意，只要努力，我们每个人都能作出自己一份贡献。

2004 年 1 月 9 日，国务院印发《关于进一步加强安全生产工作的决定》，对构建全社会齐抓共管的安全生产格局、做好宣传教育和舆论引导工作作出部署：

——构建全社会齐抓共管的安全生产工作格局。地方各级人民政府每季度至少召开一次安全生产例会，分析、部署、督促和检查本地区的安全生产工作；大力支持并帮助解决安全生产监管部门在行政执法中遇到的困难和问题。各级安全生产委员会及其办公室要积极发挥综合协调作用。安全生产综合监管及其他负有安全生产监督管理职责的部门要在政府的统一领导下，依照有关法律法规的规定，各负其责，密切配合，切实履行安全监管职能。各级工会、共青团组织要围绕安全生产，发挥各自优势，开展群众性安全生产活动。充分发挥各类协会、学会、中心等中介机构和社团组织的作用，构建信息、法律、技术装备、宣传教育、培训和应急救援等安全生产支撑体系。强化社会监督、群众监督和新闻媒体监督，丰富全国“安全生产月”、“安全生产万里行”等活动内容，努力构建“政府统一领导、部门依法监管、企业全面负责、群众参与监督、全社会广泛支持”的安全生产工作格局。

——做好宣传教育和舆论引导工作。把安全生产宣传教育纳入宣传思想工作的总体布局，坚持正确的舆论导向，大力宣传党和国家安全生产方针政策、法律法规和加强安全生产工作的重大举措，宣传安全生产工作的先进典型和经验；对严重忽视安全生产、导致重大事故发生的典型事例要予以曝光。在大中专院校和中小学开设安全知识课程，提高青少年在道路交通、消防、城市燃气等方面的识灾和防灾能力。通过广泛深入的宣传教育，不断增强群众依法自我安全保护的意识。

可见，地方政府部门、工会、共青团、各类社会中介机构、社团组织、新闻媒体、大中专院校和中小学等部门和机构的人员，都能够在促进安全生产工作中找到自己的位置，发挥应有的作用。

# 第四节　安全生产人人有利

抓好安全生产工作利国利民、利人利己，是一项多赢的事业，也是一项积德的事业。

从宏观上讲，一个地区乃至全国安全生产状况良好，安全形势主动，就为经济社会的持续健康发展提供了安全保证，维护了正常秩序，使有关各方及人员能够将全部心思和力量投入到经济建设当中，经济发展和社会进步的步伐就会加快，这对于每个人都是有利的。相反，如果安全事故不断，安全生产形势被动，甚至由于重特大安全事故而引发社会动荡，经济社会发展必将受到影响，这对每个人都是不利的。

从微观上讲，抓好安全生产对人的益处更是直接和切身的。

发生生产安全事故，导致人员伤亡和财产损失，受到伤害最重、最直接的就是在事故中遇难和受伤的人员，其次是伤亡人员的亲属，对事故负有直接责任和领导责任的部门及人员也将受到相应处罚。由于如今新闻传播事业高度发达，一地出事故，全省、全国乃至全世界很快就会被传遍，发生事故的企业及地方的形象将会受到很大影响，这对今后的发展也是很不利的。

而抓好安全生产，上述损失和各种负面影响都不会出现。抓好安全生产工作，保持安全生产无事故，工厂企业生产经营正常有序，经济效益稳定增长，没有人员伤亡、没有财产损失、没有人因事故牵连受到处罚、没有负面影响……有的，就是平安、稳定、和谐、发展。

特别对于企业职工而言，其受益是最大的。保证了安全生产，就保证了劳动者的生命安全和身体健康，保证了其收入和福利待遇，保证了其家庭的团圆幸福，保证了其全面发展的可能。

以上所说，远不是“人人有利”中“利”的全部，而只是其中的一小部分。正如本书第六章所阐述的，抓好安全生产，会取得经济、政治、民生、生态等方面的效益，而这些效益将会惠及一定区域范围内的每个人，这从发生安全事故后给人民群众的利益造成的损失就可以清晰地看出来。

——1979 年 9 月 7 日，浙江省温州市电化厂液氯工段一个液氯钢瓶发生了猛烈的爆炸，爆炸气瓶的碎片撞击到其四周的液氯钢瓶上，加上爆炸时产生的冲击波，又导致 4 个液氯钢瓶爆炸，5 个液氯钢瓶被击穿。强大的气浪将钢筋混凝土结构的液氯工段厂房全部摧毁，并造成四周办公楼及厂区四周 280 余间民房损坏。爆炸后共泄出 10.2 吨液氯，当时正值东南风，氯气迅速向西北方向扩散，使附近的 10 个居民区受到严重污染，造成沿街树木落叶纷纷，附近庭院花草枯黄，另外 22 个居民区也受到不同程度的影响。由于爆炸以及爆炸后散溢氯气的毒害，共造成 59 人死亡，779 人住院治疗，420 多人到医院门诊治疗。

——1993 年 3 月 10 日，浙江省宁波市北仑港发电厂一号机组发生特大锅炉锅膛爆炸事故，造成 23 人死亡、8 人重伤、16 人轻伤，直接经济损失 778 万元。然而，更大的影响接踵而来——这套机组停运修复用了 132 天，少发电近 14 亿度，造成当地供电紧张，致使这一期间宁波地区的工业停三开四，杭州地区停二开五，浙江省的工农业生产都受到影响，造成了一定的间接损失。

——2004 年 2 月 15 日下午，位于重庆市江北区的天原化工总厂氯氢分厂工人 2 号氯冷凝器出现穿孔，有氯气泄漏。16 日 1 时左右，冷凝器的列管发生爆炸；凌晨 4 时左右，再次发生局部爆炸，大量氯气向周围弥漫。16 日 17 时 57 分，5 个装有液氯的氯罐在抢险处置过程中突然发生爆炸，黄绿色的氯气冲天而起。事故发生后，重庆市消防特勤队员昼夜连续用高压水网（碱液）进行高空稀释，在较短的时间内控制了氯气扩散。这次事故影响到了重庆市江北区、渝中区和沙坪坝区三个地区。事故发生后，重庆市立即疏散了一公里范围内的 15 万名群众。4 月 18 日 18 时 30 分左右，重庆市政府下达命令，被疏散群众开始返家。

抓好安全生产，对企业的经营管理者而言，同样受益。

随着市场竞争的日趋激烈，职工对企业兴衰成败的影响日益凸显，越来越具有决定性的作用。20世纪80年代，美国企业界就有一种新观念、新认识："职工的积极性是提高市场竞争力的强大武器"，"一个公司唯一的竞争优势就是它的职工"，"关心你的职工，企业就会兴旺发达"。《大趋势》的作者、美国奈斯比特和阿布尔丹在其《西方企业和社会新动向》一书中指出："在工业社会里，战略资源是资本。在新的信息社会，这种关键性的资源都转而变为信息、知识、创造力了。只有一处可供企业开采这些有价值的新资源，就是它的职工。这就意味着把人这个资源放到了全局突出的地位。"

怎样调动职工的积极性、充分发挥人的作用？抓好安全生产工作是必不可少的一项重要举措。不可想象，一个企业安全生产状况不好，经常发生事故，职工的生命安全和身体健康得不到保障，企业职工还会有很高的积极性。所以，抓好安全生产工作，为职工创造一个安定有序的良好环境，是调动职工积极性、主动性、创造性的必要条件，是企业兴旺发达的重要保证。因此，抓好安全生产工作，在企业范围内，无论是对普通职工还是经营管理者，都具有多方面的好处。

无论从宏观角度讲还是从微观角度讲，抓好安全生产人人受益都是十分明显的，而且所受之益还是多方面的、长期的，这更加证明了安全生产的重要性和必要性。

马克思深刻指出：**"人们奋斗所争取的一切，都同他们的利益有关。"**要让人人都为安全生产工作持续不断地尽一份职责，就必须让每个人看到尽责之后的利、得到尽责之后的利。让大家看到利，需要加强宣传教育，认清安全之利和事故之害；让大家得到利，需要完善体制机制，让对安全生产贡献大者得到大利，贡献小者得到小利，以激励企业全员乃至全体公民关心安全生产，支持安全生产，共同为安全生产工作做出贡献。

以人为本抓安全，是抓好安全生产工作的必行之法、必由之路，除此之外，没有第二种方法可选，没有第二条道路可行。要落实好以人为本抓安全，就要坚持安全生产人人有责、人人有权、人人有为、人人有利，让人人都成为安全生产的主人，尽主人之责、享主人之权、办主人之事、获主人之利，如此，我国安全生产和安全发展必然会开创一个全新的局面。

# 结 语

发展是人类文明的重要基础，是当今时代的鲜明主题，是我们党执政兴国的第一要务，是人的全面自由发展的根本保障。

为了实现发展，千百年来，人类在坚持不懈地奋斗和探索；为了实现更快的发展，近百年来，人们总结出了不同的发展观；为了实现更快、更好、更持久的发展，近三十年来，人们提出了可持续发展。

20 世纪 80 年代，人类社会发展面临新的问题，一是南北差距继续扩大，二是人口剧增的威胁，三是全球生态环境日益恶化。面对这些挑战，人类必须反思以往的增长和发展方式，寻求摆脱困境的方式和途径。

1987 年，联合国世界环境与发展委员会在对世界环境和发展中国家的关键问题进行为期三年的全面调查研究的基础上，发表了由当时的挪威首相布伦特夫人主持研究的专题报告《我们共同的未来》，报告系统阐述了可持续发展的战略思想和基本纲领，首次清晰地表达了可持续发展观，即“可持续发展是既满足当代人的需求，又不对后代人满足其需求的能力构成危害的发展”。1992 年，在巴西里约热内卢召开的联合国世界环境与发展大会上，183 个国家和地区的代表、102 位国家首脑出席了这次会议，通过了《里约热内卢宣言》和《21 世纪议程》两个纲领性文件，它标志着可持续发展观被全球持不同发展理念的各个国家所普遍认同。

2003 年 10 月召开的党的十六届三中全会，完整地提出了科学发展观，就是坚持以人为本，树立全面、协调、可持续的发展观，促进经济社会和人的全面发展。这一全新的发展观，对我国在新形势下实现什么样的发展、怎样实现发展等重大问题作出了新的科学回答，揭示了经济社会发展的客观规律，反映了我们对发展问题的新认识。

如何体现可持续发展战略实施的有效性，通常归纳成七个主题，一是始终保持经济的理性增长，二是全力提高经济增长的质量，三是满足以人为本的基本发展需求，四是保护和扩大自然的资源基础，五是关注科技创新对发展瓶颈的突破，六是调控环境与发展的平衡，七是始终维持效率与公平的平衡。这些同安全生产都是分不开的。

1997 年 9 月召开的中国共产党第十五次全国代表大会指出，最大的实际就是中国现在处于并将长期处于社会主义初级阶段：这个阶段，是逐步摆脱不发达状态，基本实现社会主义现代化的历史阶段；是逐步缩小同世界先进水平的差距，在社会主义基础上实现中华民族伟大复兴的历史阶段。这样的历史进程，至少需要一百年时间。

2012 年 11 月召开的中国共产党第十八次全国代表大会指出，在中国共产党成立一百年时全面建成小康社会，在新中国成立一百年时建成富强民主文明和谐的社会主义现代化国家。

为了更好地实现“两个一百年”奋斗目标，就必须抓好安全生产工作，就必须坚持走中国特色的安全生产发展之路。

要实现中华民族伟大复兴的中国梦，让 13 亿多人都过上富裕美好的幸福生活，仍需要牢牢抓住发展这个第一要务。人口众多，经济欠发达，是我国目前面临的严峻现实。虽然经过多年的快速发展，我国已经成为世界经济大国，但还远不是经济强国，还没有从根本上摆脱落后状态，还是一个发展中国家。据国际货币基金组织统计，2014 年我国经济总量突破 10 万亿美元，仅次于美国，但人均只有 7600 美元，居世界 80 多位。按照综合衡量社会发展程度的联合国“人类发展指数”，我国则排在全球第 100 位左右。特别是我国经济发展质量不高，产业结构不合理，能源资源消耗过多，环境污染较重，经济发展科学技术含量低，总体上仍处于中低端水平。而我国城乡、区域发展不平衡问题也相当突出。解决这些问题，跨越“中等收入陷阱”，实现“两个一百年”奋斗目标，从根本上说仍然要靠发展。

当前，我国经济增长速度正从高速转向中高速，经济发展方式正从规模速度型粗放增长转向质量效益型集约增长，经济结构正从增量扩能转向调整存量、做优增量并举的深度调整，经济发展动力正从传统增长点转向新的增长点。我国经济发展的这些新特征和新趋势，都对安全生产和安全发展提出了新的、更高的要求，只有走中国特色的安全生产发展之路，才能有效应对生产安全事故易发多发高峰期的诸多挑战，为经济社会持续发展提供坚实可靠的安全保障。

中国特色的安全生产发展之路，就是具有中国特色、符合中国实际、维护中国利益的安全生产发展之路。其内涵，包括明确安全生产工作面临的形势、安全生产的功能、安全生产的定位、安全生产的本质、安全生产的投入、安全生产的效益、安全生产的客观规律、安全生产的根本原则；其实质，就是尊重科学，按照安全生产客观规律办事。可以说，一切安全生产方面的成功，都是因为符合安全生产发展规律；一切安全生产方面的失败，都是因为违背安全生产发展规律，古今中外，概莫能外。

规律是事物或现象之间的内在的和必然的联系和关系，是宇宙运动中本质的东西的反映。规律无处不在，哪里有事物运动的存在，哪里就有规律，安全生产也不例外。

规律的重要，在于人们的一切活动都服从于严格确定的客观规律，只有符合规律才能成功，否则必然失败。

关于规律，马克思主义经典作家多有论述。恩格斯指出：**“在表面上是偶然性在起作用的地方，这种偶然性始终是受内部的隐蔽着的规律支配的，而问题只是在于发现这些规律。”**（《马克思恩格斯选集》，第 4 卷，人民出版社，1972 年版，第 243 页）

列宁说：**“当我们不知道自然规律的时候，它是独立地在我们的意识之外存在着和作用着，把我们变成盲目的必然性的奴隶。但是当我**

**们知道了不依赖于我们的意志和意识而独立地作用着的(马克思把这点重述了几千次)这个规律的时候,我们就成为自然界的主人。"**(《唯物主义与经验批判主义》,人民出版社,1957 年版,第 186 页)

实现"两个一百年"奋斗目标,加快推进我国社会主义现代化建设,需要一个安定有序的良好环境和秩序,而接连发生的重特大生产安全事故则破坏了这种环境和秩序,不仅造成了重大经济损失、重大人员伤亡,还引发了巨大的社会震荡,其危害是巨大的、多方面的、长久的。事故发生的根本原因,就是违背安全生产发展规律。

历史经验证明,社会发展的各种规律远在人们认识它们之前,就已经在起作用了。恩格斯曾经指出,价值规律起作用已经有六七千年了,但是人们在不久以前才认识了这个规律。直到 18 世纪末至 19 世纪初,英国经济学家,首先是斯密和李嘉图对揭示这个规律才走了重要的一步,而马克思在 19 世纪中叶才对这个规律的作用作了科学的说明。像这种在实际上早已发生作用然后才被人们所认识和发现出来的客观规律,在自然科学规律中多到不可胜数。甚至可以这样说,所有一切自然科学规律,都是先已和早已发生作用,然后才逐渐被人们所认识和发现。

安全生产工作也是如此,安全生产规律远在人们认识它们之前,就已经起作用了,但由于社会各方特别是企业界对安全生产规律探索和总结不够,重视和运用不够,导致我国安全生产形势严峻,重特大生产安全事故接连不断。只有深刻吸取这一教训,尽快纠正这种错误,才能从根本上扭转我国安全生产形势严峻的被动局面。

中国特色的安全生产发展之路,实际上就是一条探索安全规律、总结安全规律、重视安全规律、运用安全规律的安全生产发展之路。只要我们依据客观规律、利用客观规律,同时充分发挥人的主观能动性,就一定能把握安全生产工作的主动,实现我国安全生产形势的根本好转,为实现"两个一百年"奋斗目标、加快推进我国社会主义现代化建设提供坚实可靠的安全保障。